中国地质调查成果 CGS2021-072

中国西北地质图
（1∶1 000 000）
读图说明

陈隽璐　徐学义　王洪亮　主编

图书在版编目(CIP)数据

中国西北地质图(1∶1 000 000)及读图说明/陈隽璐,徐学义,王洪亮主编.—武汉:中国地质大学出版社,2022.10
ISBN 978-7-5625-5427-1

Ⅰ.①中… Ⅱ.①陈… ②徐… ③王… Ⅲ.①地质图-说明书-西北地区 Ⅳ.①P623.7

中国版本图书馆 CIP 数据核字(2022)第 196309 号

中国西北地质图(1∶1 000 000)及读图说明		陈隽璐　徐学义　王洪亮　主编
责任编辑:周　豪	选题策划:周　豪	责任校对:张咏梅
出版发行:中国地质大学出版社(武汉市洪山区鲁磨路388号)		邮政编码:430074
电　　话:(027)67883511	传　真:(027)67883580	E-mail:cbb@cug.edu.cn
经　　销:全国新华书店		http://cugp.cug.edu.cn
开本:880毫米×1230毫米 1/16	字数:376千字	印张:6.25
版次:2022年10月第1版	附图:2　附表:2	
印刷:中煤地西安地图制印有限公司	印次:2022年10月第1次印刷	
ISBN 978-7-5625-5427-1		定价:998.00元

如有印装质量问题请与印刷厂联系调换

中国西北地质图

（1∶1 000 000）

读图说明

编 图 单 位	中国地质调查局西安地质调查中心
项 目 名 称	自然资源部中国地质调查局项目（项目编码：1212010610319、1212010811036、1212011220649、DD20160006、DD20190065）
单 位 负 责	李建星
主　　　编	陈隽璐　徐学义　王洪亮
副 主 编	李智佩　朱涛　白建科　马中平
编 图 指 导	张二朋　冯益民　夏林圻　李荣社
主要编写人员	陈隽璐　徐学义　王洪亮　李智佩　朱涛　白建科 李平　王超　王国强　宋博　张二朋　冯益民
制 图 单 位	中国地质调查局西安地质调查中心
制　　　图	李小侠　颜玲丽　刘小会　雷泓晏　许革新　张保平　陈振英 刘春华

序

初次见到中国西北地质图(1∶1 000 000)大约在10年之前。那时,我受邀到西安开会,在办公楼一楼顺着过道的墙上看到近一面墙大小的巨幅画卷,短暂驻足,我不禁感慨于西北地区地域之辽阔、地质构造之复杂、图面之壮观。如今,经过多年资料更新、精心布局,更加美轮美奂的西北地质图,以及简要精彩、资料翔实、观点新颖又不乏亮点的读图说明即将付梓,自然是西北地区地质工作的一件大事,值得庆贺!

中国西北地质图(1∶1 000 000)是中国地质调查局西安地质调查中心近年来极其重要的成果之一,由主图与岩石地层组成和时空结构表两部分组成。主图以岩石地层单位为主、辅以成因类型组成的编图单位,用"岩性+年代"表示的侵入岩单位,以及地理要素等共同组成,着重表达地质体的面状特征和区域分布。在主图的空白处还编制了中国西北区域地层自然区划图和中国西北区域侵入岩类时间序列表,以及岩石花纹线型图例等。其中,中国西北区域地层自然区划图充分体现了板块构造理论与地球系统科学的理论思想,将以蛇绿混杂岩带为代表的板块构造边界作为地层区划的重要参考,以地质构造自然边界为重要指标,对编图区地层进行了一级到三级划分,具有重要的理论意义和使用价值。

在充分集成了西北地区地质调查资料和最新科研成果的基础上,以中国地质调查局西安地质调查中心张二朋研究员创立的岩石地层时空结构表来表达不同地层区划和构造单元中地层、侵入岩和蛇绿混杂岩带的物质组成与时代。这种对地质体物质组成与空间分布特征的创新式表达,对读者读图和使用具有划时代的意义,并在全国编图中得以推广应用。一是体现在对同一地质单元中地质体的物质组成、时代、分布及其相互关系的表达更加直观;二是对不同地质构造单元中物质组成特征、差异和相互关系的对比更加直接,有利于进行区域对比研究。

以国内知名编图专家为顾问的编图委员会,是中国西北地质图(1∶1 000 000)达到国际领先水平的重要保障;人员结构合理、团队精干务实是中国西北地质图(1∶1 000 000)的质量保障。我充分地相信:中国西北地质图(1∶1 000 000)是集西北地区区域地质调查资料和科学研究成果之大成,是成千上万立足于西北地区地质调查和科学研究工作者的智慧、汗水甚至生命的结晶。它的出版将是西北乃至全国地质调查事业的一件大事,将对区域地质与资源调查、矿产勘查、灾害地质调查以及环境保护等诸多方面产生广泛影响。

向奋战在第一线的地质工作者致敬!向中国地质调查局西安地质调查中心表示衷心的祝贺!

李廷栋
2022年6月于北京

前　言

中国西北地质图(1∶1 000 000)编图范围包括新疆维吾尔自治区、青海省、甘肃省、宁夏回族自治区及陕西省在内的整个西北行政区域，此外还包括内蒙古自治区的西部(东经111°15′以西)地区。

中国西北地区地域辽阔，地质构造复杂，地质演化历史漫长，区内既包括秦岭、祁连、天山、阿尔泰、准噶尔、昆仑等著名造山带，亦有塔里木、准噶尔、柴达木、鄂尔多斯等盆地，是研究造山带地质和盆地地质演化的理想地区。自20世纪90年代开始，中国地质调查局在西北地区部署了大量1∶250 000和1∶50 000区域地质调查项目，获得了大量新的地质调查成果，大大丰富了西北地区的区域地质资料，深化了对地质构造演化史和成矿地质背景的认识。综合已有地质调查成果，不断更新小比例尺的区域地质图件，提供给社会各行各业使用，是公益性地质工作的重要环节。

2010年，中国地质调查局西安地质调查中心部署编制中国西北部地质图(1∶1 000 000)，及时反映地质调查的最新进展，为社会经济发展提供基础地质服务。在第三轮修改完善过程中，将图名更名为中国西北地质图(1∶1 000 000)。

中国西北地质图(1∶1 000 000)在编制过程中，以地球系统科学和板块构造理论为指导，突出不同构造演化阶段地质实体的表达；在继承传统地质编图技术方法的基础上，力求创新，着力处理好不同地质体的时间与空间、局部与整体的关系，使得图面美观和谐、宏观轮廓清楚、信息量大且易读。编图中充分集成了西北地区地质调查资料和最新科研成果，以中国地质调查局西安地质调查中心张二朋研究员创立的岩石地层时空结构表代替了传统的图例。该岩石地层时空结构表首先厘定地层和侵入时代与组成、蛇绿混杂岩的分布等重大地质问题，在此基础上形成区域地层自然区划，综合集成为区域岩石地层组成和时空结构表和侵入岩类时间序列表。中国西北地质图(1∶1 000 000)依托于中国地质调查局部署的基础地质综合研究项目，包括"西北地区重要成矿带基础地质综合研究"(项目编码：1212010610319、1212010811036)、"西北基础地质调查成果集成与综合研究"(2014—2015年更名为"西北基础地质综合调查与片区总结"项目编码：1212011220649)等项目，编图过程中成立了以国内知名编图专家为顾问的编图委员会，由中国地质调查局西安地质调查中心编图组历时10余年编制完成。

中国西北地质图(1∶1 000 000)初稿于2014年基本完成，之后根据新的资料不断进行更新完善。2020年，中国地质调查局西安地质调查中心在"东天山昌吉-双沟山地区区域地质调查"(项目编号：DD20190065)项目资助下，将中国西北地质图(1∶1 000 000)资料再更新、修改完善后形成出版终稿。

中国西北地质图(1∶1 000 000)是集西北地区区域地质调查资料和科学研究成果之大成，是成千上万立足于西北地区地质调查和科学研究工作者的智慧、汗水甚至生命的结晶。它的出版，将对区域地质与资源调查、矿产勘查和资源开发与利用、灾害地质调查、环境保护及大型工程建设等诸多方面产生广泛影响，也将为西北地区基础地质调查与研究、科研教学、对外交流提供新的区域地质资料。

编者
2022年8月

目 录

第一章 概 述 ……………………………………………………………………………… (1)

一、编图目的和宗旨 ……………………………………………………………………… (1)

二、指导思想 ……………………………………………………………………………… (1)

三、技术路线 ……………………………………………………………………………… (2)

四、编图资料利用情况 …………………………………………………………………… (2)

五、编图实施 ……………………………………………………………………………… (3)

六、地质体的划分和表示方案 …………………………………………………………… (3)

七、图面表示精度 ………………………………………………………………………… (4)

八、本图特色及新进展 …………………………………………………………………… (5)

九、人员分工 ……………………………………………………………………………… (6)

第二章 读图说明 …………………………………………………………………………… (7)

第一节 地层区划 ……………………………………………………………………… (7)

一、地层区划指导思想与原则 …………………………………………………………… (7)

二、地层区划分方案 ……………………………………………………………………… (8)

第二节 中国西北岩石地层组成和时空结构表 ……………………………………… (10)

一、概述 …………………………………………………………………………………… (10)

二、中国西北岩石地层组成和时空结构表表示方法 …………………………………… (11)

三、区域地层概貌 ………………………………………………………………………… (12)

第三节 西北侵入岩概述及岩浆时间序列 …………………………………………… (26)

一、侵入岩的划分与表达 ………………………………………………………………… (26)

二、侵入岩时空分布特征 ………………………………………………………………… (27)

第四节 西北地区特殊岩类时空分布特征 …………………………………………… (39)

一、西北地区蛇绿岩特征 ………………………………………………………………… (39)

二、西北地区典型高压—超高压变质岩 ………………………………………………… (49)

第五节　构　造 ……………………………………………………………………………………（53）
　　一、西北地区地质构造单元划分和命名原则 …………………………………………………（53）
　　二、大地构造单元划分 …………………………………………………………………………（53）
　　三、大地构造演化 ………………………………………………………………………………（59）

主要参考文献 …………………………………………………………………………………………（63）

附图

中国西北地质图（1∶1 000 000）

中国西北区域地层自然区划图

附表

中国西北区域侵入岩类时间序列表

中国西北岩石地层组成和时空结构表（附图例）

第一章 概　述

一、编图目的和宗旨

编图区位于中国西北部,西与哈萨克斯坦、吉尔吉斯斯坦、塔吉克斯坦、阿富汗、巴基斯坦、印度相邻,北与俄罗斯、蒙古相连;行政区包括陕西省、甘肃省、青海省、新疆维吾尔自治区、宁夏回族自治区及内蒙古自治区西部;面积约 430 万 km^2。

中国西北地区处于古亚洲构造域、特提斯构造域长期相互聚合部位,经历了复杂的地质构造演化历史,形成了丰富多样的矿产资源,以稀有稀土金属、铜镍矿、铁矿、铅锌矿、金矿、石油、煤、富锰矿、铀矿等为优势矿种;有世界著名的可可托海三号矿脉稀有稀土金属矿、白云鄂博稀土金属矿、大红柳滩锂矿、火烧云铅锌矿、金川铜镍矿、大水金矿、玛尔坎苏锰矿、克拉玛依油田、塔里木油田、柴达木油田、鄂尔多斯油气田、神府煤田、准东煤田等。该地区地质遗迹及地貌景观独特多样,有我国北方最为壮观的丹霞地貌(魔鬼城、张掖)、山岳地貌(西岳华山)、喀斯特地貌(秦岭天坑)、喀纳斯堰塞湖、月牙泉、陕北羚羊谷等。历史文化遗迹遍布中国西北地区(包括内蒙古西部地区),有雄伟壮观的万里长城、天下第一雄关嘉峪关,有横穿秦岭的三国古栈道,有敦煌石窟、麦积山石窟、秦兵马俑等历史文化古迹,红色旅游景点有六盘山、革命圣地延安、巴西会议遗址等,地质旅游资源和人文旅游资源都非常丰富。

编制中国西北地质图(1∶1 000 000)是中国地质调查局项目"西北地区重要成矿带基础地质综合研究"的任务之一。目的是集成海量的西北地区区域地质调查资料和科学研究成果,提升西北地区基础地质研究水平,为区域自然资源调查研究、矿产资源勘查与开发、地质环境治理、地质灾害监测及防治、国土整治、大型工程建设、地质旅游、自然资源规划等提供相关的地质背景资料,也为创建具有我国特色的地质科学理论、开展国际地质科学技术交流提供基础地质资料。因此,编制出版《中国西北地质图(1∶1 000 000)及读图说明》不但具有实用价值,而且具有重要的科学意义。

二、指导思想

(1)以地球系统科学理论、板块构造理论及地球动力学理论为指导,在编图过程中始终贯彻活动论的观点,突出各构造演化阶段地质实体的特征,突出基础,反映规律,重视洋板块演化过程。

(2)技术方法在继承传统基础上力求有所创新,努力使本图融客观性、科学性、实用性、艺术性和易读性为一体;处理好时间与空间、局部与整体的关系,使图面和谐统一,宏观轮廓清楚;内涵信息量大,使其服务面广阔,使用价值大,生命力持久。

(3)以时间、空间和物质组成为主线(即地质体的时代、空间位置、形态和组成物质),采用岩石地层时空结构表、侵入岩类时间序列表代替传统图例,客观准确地反映基本地质实体(或组合体)。

(4)以实际资料为基础,处理地质问题留有余地,避免扩大化和过多推断,体现出编图区不同地段研究程度的差别。

(5)努力做到传统与创新相结合、挂图与桌面用图相结合、科学性与实用性相结合、阶段性与持续性相结合。

三、技术路线

(1)依据全国国土资源大调查以来的最新地质调查资料,采用常规方法与新方法相结合,分阶段、分区带编制,逐步修改、补充、完善,首先编成西北地质图初稿供后续编图使用;再在西北各重要成矿带编制好的中小比例尺地质图、成矿地质背景图基础上修改完善,编制成第二稿;然后结合西北基础地质研究进展,吸纳重要专著及论文研究成果,参考西北各省区完成的新一轮地质志成果资料,最终编制而成。

(2)以地层、岩浆岩、蛇绿岩及蛇绿混杂岩带和构造(以断裂为主)为基本内容,以物质和时空变化规律为研究出发点,以主图、附图、表格和代号、符号、花纹及色标为基本表现形式,力求做到以色代文,以图形代文,以符号、花纹代文,使图件具有动态感和生命力。

(3)以 MapGIS 地理信息系统为平台,遵照相关技术要求和规范,吸收已有地质图空间数据库的经验,建立中国西北地质图空间数据库,以利于地质资料的更新,为基础地质资料的社会化服务奠定基础。

四、编图资料利用情况

中国西北地质图(1∶1 000 000),以西北五省(区)及内蒙古自治区岩石地层为基础,以国土资源大调查以来 1∶250 000 区域地质调查成果及关键部位 1∶50 000 区域地质调查、区域矿产地质调查成果为依据,充分利用西安地质调查中心编制的各造山带中小比例尺地质图、成矿地质背景图成果,同时,参考了西北五省(区)新编的区域地质志成果、近年来发表的论文和出版的专著等成果资料,经过综合研究、多方研讨后编制定稿。地理底图部分采用了国家发布并经测绘部门审核批准的地理图。利用的主要资料为:

(1)《中国阿尔泰-准噶尔地质图(1∶500 000)及说明书》(陈隽璐和白建科,2021);
(2)《中国天山及邻区地质图(1∶1 000 000)及说明书》(王洪亮等,2007);
(3)《北山成矿带地质矿产图(1∶5000 00)及说明书》(李向民等,2016);
(4)《祁连山及邻区地质图(1∶1 000 000)及说明书》(徐学义等,2019);
(5)《秦岭及邻区地质图(1∶500 000)及说明书》(徐学义等,2014);
(6)《阿尔金-东昆仑西段成矿带地质背景图(1∶500 000)及说明书》(校培喜等,2014);
(7)《昆仑山及邻区地质图(1∶1 000 000)及说明书》(李荣社等,2009);
(8)《青藏高原及邻区地质图(1∶1 500 000)及说明书》(潘桂棠,2004);
(9)《中华人民共和国地质图(华北)(1∶1 500 000)》(谷永昌等,2019);
(10)《中国区域地质志·甘肃志》(丁仁平,待出版);
(11)《中国区域地质志·青海志》(祁生胜,待出版);
(12)《中国区域地质志·宁夏志》(王成,待出版);
(13)《中国区域地质志·陕西志》(张拴厚,2017);
(14)《中国区域地质志·新疆志》(朱志新和赵同阳,待出版);
(15)《内蒙古自治区岩石地层》(内蒙古自治区地质矿产局,1996);
(16)《宁夏回族自治区岩石地层》(宁夏回族自治区地质矿产局,1996);
(17)《甘肃省岩石地层》(甘肃省地质矿产局,1997);
(18)《青海省岩石地层》(青海省地质矿产局,1997);

(19)《陕西省岩石地层》(陕西省地质矿产局,1998);

(20)《新疆维吾尔自治区岩石地层》(新疆维吾尔自治区地质矿产局,1999);

(21)近20年来完成的1∶50 000和1∶250 000区域地质调查成果;

(22)近30年来出版的相关专著和发表的相关论文。

资料截止日期:2021年12月底。

五、编图实施

中国西北地质图(1∶1 000 000)的编制过程大体可以分为3个大的阶段。

1. 第一阶段(2003—2009年:相当于第一轮地质大调查)

(1)收集西北地区已有的中小比例尺地质图件、研究资料,编制地理底图,再依据地质大调查以来1∶250 000、1∶50 000区域地质调查,1∶50 000矿产地质调查资料,结合科研成果,确定图面划分精度、表示方法,初步确定中国西北部地质图(1∶1 000 000)编图地质背景图。

(2)确定编图技术方案:以选定的地质背景图为基础,初步划分并列出各区、段地层序列和侵入岩体时空分布表,拟定新划分的地质体代号;以新的地质体代号统一替换背景图代号;确定归并、简化、增补、夸大表示原则。

(3)初编:在选定的地质背景图上,按统一地质体代号分区、段初编,并厘定各区、段地层序列结构及岩体时间、空间和岩类分布表,对比各区、段地层及岩体结构特征。由区、段汇成区、带,处理各区、带边界衔接,初编图例,形成中国西北部地质图(1∶1 000 000)(一稿图),并筛选出存在的关键问题或主要地质问题进行综合研究。所编中国西北部地质图(1∶1 000 000)供中国地质调查局西安地质调查中心内部使用,提出修改意见。

2. 第二阶段(2010—2015年)

这一阶段主要利用中国地质调查局西北地区各主要成矿带地质矿产调查综合研究项目资料成果、青藏高原北部空白区基础地质综合研究成果及科研成果资料修编完善中国西北部地质图(1∶1 000 000)。

(1)修改补充:依据新获得的成果、资料,对存在的地质问题在一稿图上进行修改补充,不断完善,编制图例及与图面配置的图、表,形成二稿图。

(2)在二稿图上增添图面内容(岩性、花纹、特殊地质体等),并依据本图所属项目及有关方面新获得的成果,不断修改、补充、反复校对,编制出全要素的地质图。编制出的图件与西北地区重要成矿带基础地质综合研究报告一起提交中国地质调查局评审,并公开提供使用。

3. 第三阶段(2016—2021年)

依据中国地质调查局西北地区各主要成矿带部署的地质矿产调查二级项目成果资料、西北地区各省(区)新一轮区域地质志成果资料,再次修改、完善、校对,编制出全要素的中国西北地质图(1∶1 000 000),并提交中国地质大学出版社出版。

六、地质体的划分和表示方案

地质图编图方案的总体原则:地层以岩石地层单位表示,第四纪地层以岩石地层单位与成因类型相结合表示;侵入岩以岩类加地质时代表示;火山岩归入地层,用岩性花纹表示;构造主要表示断裂及(蛇绿)构造混杂岩带;特殊地质体按专设图例表示。

(一)地层单位划分及代号

鉴于本图地层以岩石地层单位表示,参照《中国地层指南及中国地层指南说明书》(2001年),地层单位类型划分出正式岩石地层单位、非正式岩石地层单位及特殊岩石地层单位。各地层单位(群、组、岩群、杂岩等)的代号原则上按以下规定表示。

(1)蛇绿岩的代号:由蛇绿岩代号和时代代号两部分组成,时代代号置于蛇绿岩代号之后。如唐巴勒蛇绿岩的代号为"$o\varphi \in O$"。

(2)其他地层单位代号:参见读图说明中"中国西北岩石地层组成及时空结构表",地质图上所有地层代号所包含的地层实体及划分精度在表中均已具体反映,故对跨纪、跨世地层代号不再区分并层和未分。

a. 跨纪地层代号:采用两个时代代号连续书写。如寒武系、奥陶系并层或未分统一用"$\in O$"表示,滩家山群表示为$\in OT$。

b. 跨世地层代号:"世"的代号统一用"-"连接。如中、上侏罗统并层或未分均用"J_{2-3}"表示,中侏罗统采石岭组(J_2c)和上侏罗统红水沟组(J_3h)并层,表示为$J_{2-3}c.h$。

c. 多个地层单位并层的代号:在同一个地区,同一个地层序列内同时代(纪或世)出现地层单位间的多种并层,以一个统一的岩石地层单位名称来统称。如东准噶尔五彩湾地区下—中侏罗统水西沟群,自下而上由八道湾组、三工河组、西山窑组组成,3个组可以并层,统称为水西沟群,用"$J_{1-2}S$"表示;若仅上部两个组并层则加上组名代号,名称代号间以"."连接,表示为"$J_{1-2}s.x$"。

(二)侵入岩代号采用方案

由于没有统一的规范性文件,目前对侵入岩的表示方法,在不同比例尺地质图中或不同执行单位间有所不同,常用的表示方法有4种:①岩石类型代号加上构造旋回期次的代码,如γ_4、γ_4^2等;②地质时代加上岩石类型代号,如$D\gamma$或$D_1\gamma$;③岩石类型加上地质时代,如γD或γD_1;④大比例尺区域地质填图使用的岩石谱系单位表示方法。

本次编图过程中对侵入岩的表示方法如下:

(1)原则上统一使用岩石类型加地质时代的方法表示,岩石类型代号原则上执行国家标准,如泥盆纪花岗岩γD。

(2)对原使用的岩石谱系单位代号进行相应的转换。

(3)对独立侵入体、未分时代的岩体及脉岩,均以岩性代号表示。

(4)次火山岩的表示方法比照侵入岩代号。

(三)断裂采用方案

断裂按级别用不同粗细红色线条表示:红色实线代表实测断裂,红色断线代表推测断裂,红色点线代表物理解译或遥感解译断裂。

七、图面表示精度

(一)一般情况

(1)地质体复杂、密集区(段),仅表示平面图上宽度大于2mm、长度大于5mm和面积大于4mm²的长形和等轴地质体。地质简单区,依具体情况精度可提高1倍(主要指地层单位和侵入体)。

(2)前第四纪地层,依上述精度要求在地层代号中分别表示出组(岩组)或并组和群(岩群),研究程度较高的地区多数已表示到统或统以下的精度。第四纪地层,已归为组者,用组表示,无组者,用时代加成因类型表示。

(3)侵入岩地质时代,依据最新锆石U-Pb同位素测年结果,多数表示到纪或世,少数表示到代。

(4)单一地质体内由多条断层组成的断裂带,图上带的宽度大于5mm,可表示出两条断层,宽度小于5mm的,原则上以一条断层线表示。单一断层,在断层不发育的地区,表示长度大于10mm。在断层发育地区,已构成断层组的,以能反映出该组断层分布特征为原则;未构成断层组的,应对地质体的断错酌情考虑。

(5)对具有重要意义的地质体或地质现象(如蓝闪石片岩、古火山口等),仅表示出露(分布)位置,不表示其实体或现象范围。

(6)地面未发现的地质体,经遥感解译或地球物理解释划出的地质体和断裂(层),依其规模加以综合表示。

(二)特殊情况

特殊情况是指地质体小于比例尺允许表示的范围,需夸大表示的内容,例如:

(1)超基性岩类、碱性岩类(少数偏碱性岩类)及少数基性岩类。

(2)较为稳定且具一定延伸范围,能反映区域大、中型褶皱变形特征的地层单位。

(3)虽然分布面积小于$4mm^2$,但为区内唯一地层单位或唯一时代的侵入岩类,或具鉴别不整合意义或地质时代的地层单位和侵入体。

(4)在大片出露单一地层单位的地区,特别是新生界分布区内出露的前新生代地层或侵入岩体。

八、本图特色及新进展

(1)区域地层时代及岩石地层类型划分,基本与《中国地层指南及中国地层指南说明书》(2001年)、《中国区域年代地层(地质年代)表说明书》(2002年)和西北各省(区)岩石地层(1999年)接轨,并吸收了最新编制的西北各省(区)地质志的最新成果。对前寒武纪地层划分按中国区域地层表(2014年)划分方案进行了调整,增加了待建系。

(2)本图地层单位采用岩石地层单位表示,以组为基本划分单元,改变了以往小比例尺图件以"系图"表示的习惯形式,以便读者了解地层单位的属性,使之更具实用性。

(3)对西北地区涉及寒武纪的67个地层单位以国际四分方案进行了重新厘定,其中包括早古生代未分1个,上延跨及奥陶纪25个,下延包含晚前寒武纪7个,归属蛇绿混杂岩1个,纯属寒武纪各世地层单位共计33个。

(4)以最新的区域地质调查和研究成果对南祁连地区巴龙贡噶尔组进行重新厘定,将原划巴龙贡噶尔组解体为新元古界天峻组、上奥陶统—下志留统多索曲组及志留纪巴龙贡噶尔组。

(5)鉴于造山带地层的复杂性,本图改变小比例尺地质图图例的传统表现形式,采用项目团队张二朋研究员创立的岩石地层组成和时空结构表代替地层图例。该表按地层分区真实、客观地反映了现今各区地层的序列结构、基本组成及时空变化(包含各岩石地层单位类型、单位名称、基本岩石组合、代号、接触关系及海相、陆相地层的转化等),但不同于通常的综合柱状图,不仅起到了图例和柱状图的作用,还赋予了更多的内涵,使读者对图区区域地层的特点有更大的思维空间。

(6)由于图区岩浆活动规模大、期次多及岩类复杂等特点,将火山岩按传统习惯归入地层,在主图面加岩类花纹,在岩石地层组成和时空结构表中采用岩石组合表示,从图、表上反映出中国西北地区前中生代各纪地层都有不同程度火山岩分布。

（7）侵入岩按岩类加时代表示，辅以岩类时间序列表代替图例，主图面加岩类花纹。结合侵入岩类时间序列表，能较清楚地反映出中国西北地区不同侵入岩类的时空分布规律。

（7）由于西北地区断裂系统较为复杂，许多断裂具多期活动特点，故主图上多数未表示断裂性质及产状。为突出主次，主图上仅对分割不同构造单元的区域性大断裂进行了突出显示。

（8）对蛇绿岩按出露位置在主图面及岩石地层组成和时空结构表上加以表示。蓝片岩、榴辉岩、麻粒岩等特殊地质体，用符号在主图面予以标绘，仅表示出露大体位置。

（9）在所选用的地质背景图的基础上，较充分地体现了国土资源大调查以来的新资料、新成果。依据西北地区各成矿带最新进展，并吸收最新科研成果予以修改完善。

（10）本图既保持了传统区域地质图的特色，在表示形式和方法上又有所创新。特别是采用数字制图技术及建立数据库，保证了成图质量，方便及时更新和地质云存储利用，扩大服务面。在注重提高实用性与可读性的基础上，在图面设置、结构编排、内容选取、表示方法、制印工艺等方面基本做到了科学性、系统性、实用性和艺术性的和谐统一。

九、人员分工

地理底图的编制由张二朋、王洪亮、周志军及李小侠完成。地质图编制是在张二朋、冯益民、夏林圻、李荣社等指导下，主要由陈隽璐、徐学义、王洪亮、张二朋、李智佩、朱涛、白建科、马中平、周志军、何世平等编制完成。绘图人员主要有：李小侠、颜玲丽、刘小会、雷泓晏、徐革新、张保平、陈振英、刘春华、罗婷。

读图说明前言由徐学义、李智佩编写，第一章由陈隽璐、徐学义、朱涛等编写；第二章第一节由朱涛、张二朋、王洪亮编写，第二节由朱涛、白建科、王洪亮编写，第三节由李智佩、徐学义、王洪亮编写，第四节由李平、李智佩、王超、宋博、王国强、陈隽璐编写，第五节由陈隽璐、徐学义、冯益民编写。陈隽璐、徐学义对全书进行了统稿。

张二朋研究员全身心投入到编图工作中，认真细致，追本溯源，精益求精，付出了心血。冯益民研究员、夏林圻研究员和李荣社教授级高级工程师经常性指导编图，并就一些重大地质问题的厘定提出了指导性意见；陈奋宁高级工程师对图件修改提出了有益建议。在此对他们表示敬意。

在项目实施和编图过程中，得到西北地区各重要成矿带项目的大力支持，为编图提供了最新研究成果。蔺新旺高级工程师提供了阿勒泰侵入岩研究新资料，王超教授提供了西北地区高压—超高压变质作用资料，在此表示感谢。余庆文、王永和、校培喜、毛晓长、计文化、邱士东、王克卓、杨永成、潘晓萍等同志就图件编制提出了一些建议和宝贵意见；中国地质调查局基础调查部、区调地质处、西安地质调查中心各相关部门及西北各省（区）地质调查院对编图工作给予了大力支持。项目组成员还有朱宝清、胡云绪、任光明等，参加野外工作的还有李继亮、闫臻、西北大学董云鹏团队、西北大学张成立团队、北京大学李秋根团队、蔺新旺、牛广智、焦云波等。在此一并表示感谢。

第二章 读图说明

中国西北地质图(1∶1 000 000)由主图面、附图(表)及文字说明三部分组成。主图面反映西北地区出露的地层、岩浆岩、蛇绿岩(混杂岩)带及一些特殊地质体(蓝片岩、榴辉岩、麻粒岩等)、主要断裂构造等的特征、时空展布及相互关系,并把对应的地层分区代号予以标绘,便于读者使用。附图(表)主要包含中国西北区域地层自然区划图、中国西北岩石地层组成和时空结构表、中国西北区域侵入岩类时间序列表和图例。文字说明主要包括责任部分、地质和地理资料来源、资料截止日期、投影参数等。

第一节 地层区划

一、地层区划指导思想与原则

我国区域地层区划基本上有两类:一类为"综合地层区划",一般要求大区域的地层区划要以构造为主导,与构造单元的划分相结合,认为一、二级地层区与一、二级构造单元相一致,比较强调同一个一级地层区内"系"级地层单位可以对比,同一个二级地层区内"统"级地层单位可以对比;但对一、二级的尺度不够明确,且不同的大地构造学者对同一区域构造单元的划分不尽相同。另一类为"断代地层区划",不同断代区划的范围(界线)不同,可简称为"动态地层区划",有以阶段(如早古生代、晚古生代、中新生代等)或以"纪"甚至是"世"多种划分。这类区划虽能较具体反映区域地层的变化特点和规律,可直接为岩相古地理的研究提供帮助;但必须构成一个较为完整的时间系列地层区划图表,才能反映一个区域地层的时空变化,这类区划一般都属于编制区域地层表或区域断代总结的专门性综合研究。

中国西北地质图(1∶1 000 000)属基础性地质图件,服务面广,要求在现有研究程度的基础上,对地质体的划分在比例尺尺度范围内尽可能做到详细、客观、准确;在地层方面体现本区域地层的研究程度,客观反映区域地层的组成、时空结构,总结区域地层的时空变化规律和特点,便于不同使用单位,不同学派、观点的地质人员应用,以及随着研究程度的提高便于不断更新等。遵循这一指导思想,本区划采用以区域地层在不同空间尺度上分布特征(总体和断代)的异同为基础,以直观具体、易于操作、使用方便为出发点,划分不同级别地层区。这种方法暂称为"区域地层自然区划",这种区划既与"综合地层区划"有别,亦不同于"断代地层区划",其划分的基本原则如下。

(1)地层单位的物质组成、相邻地层单位的时空关系、某些断代地层的(沉积)缺失、阶段性海陆相地层的转换,是鉴别一个地层特征的主要标志,也是划分不同级别地层区的重要依据。

(2)依中国西北地区地质特点,以显生宙特别是古生代地层为主,划分出"区"及"地区"两级。将其地层组成和时空结构总体特征有明显差别的地质单元,即克拉通或地台、陆块(如华北、塔里木、汉南等)和造山带或褶皱带(如阿尔泰、祁连、昆仑、巴颜喀拉山、羌塘以及南天山、北天山、北秦岭等)均作为一级地层区。对被区域断裂构造带所分割、相邻两区在沉积特征有一定差异、地学界尚有不同认识的地区,如阿尔金-北山、东昆仑和西昆仑等,亦暂分别作为一级地层区。

(3)在一级地层区内依其在某些断代地层的组成和结构的明显差异进一步划分为二级地层区,如华北区进一步划分为鄂尔多斯地区和鄂尔多斯西南缘地区,其主要差别为寒武系和奥陶系;祁连区和东昆仑区也分别划分为南、中、北3个二级地层区,其差别为前者以古生界为主,后者为上古生界—三叠系。

(4)鉴于中国西北地区造山带占主体,地层时空变化大,在二级地层区内某些断代地层在纵横向上有所不同,如鄂尔多斯西南缘地区奥陶系有明显变化;北天山石炭系—三叠系东西向和南北向都有所不同;东昆南上古生界东西方向的变化,等等。这些变化难以具体划分出明确界线,因此不再划分出次一级地层区,仅在与区划图相配套的中国西北岩石地层组成和时空结构表中用地段加以反映。

(5)对那些地层-构造属性的归属及相互关系存有不同认识的地质单元,如祁连与北秦岭、天山与北山、柴北缘与中南秦岭等的关系不作统一,保留各自地层区以供不同使用者对比研究。

(6)不强调同一地层区内同时代地层的组成可以对比。因为中国西北地区造山带内常有若干规模不等的前寒武纪陆块或地块,同一地层区,同时代地层在陆块上与陆块边缘其地层组成及结构常呈有规律的变化,如柴北缘区欧龙布鲁克陆块、塔里木区库鲁克塔格陆块等。

(7)蛇绿岩不一定都作为划分高级别区划的界线。因为在中国西北地区同一地层区内存在多期蛇绿岩,绝大多数蛇绿岩现已构成(蛇绿)构造混杂岩,有的前期蛇绿岩已被卷入后期旋回造山带内,如南天山区、西准噶尔地区、东昆仑及西昆仑等都有此现象。对这些蛇绿(构造混杂)岩,在地质图上及中国西北岩石地层组成和时空结构表中均有所表示。

(8)具一定规模的(蛇绿)构造混杂岩带是划分不同级别地层区界线的标志之一。这些(蛇绿)构造混杂岩带规模不等,物质组成和结构、构造复杂,蕴含有丰富信息,不同研究人员常赋予了其许多不同的沉积-构造属性(如蛇绿构造混杂岩、俯冲增生杂岩、洋岛或海山等)。本次区划时给予高度重视,并将其作为一种特殊空间单元在相应图表上以不同形式表示。

本区划中一、二级地层区的范围与以往所采用的其他划分方案具有一定的对应性,因为不同的划分方案普遍都认为阿尔泰、准噶尔、天山、塔里木、华北、祁连、昆仑、巴颜喀拉山、羌塘、北秦岭、中南秦岭等地质单元,其地层的总体特征存在着明显不同,也都认为,诸如祁连、昆仑等具三分性。由于不同的划分方案都按各自的指导思想(或学术观点)确定其划分原则,因此对各具体划分单元(范围)、界线及区划的级别赋予的特性及相互关系存在认识上的不同。特征是客观存在,属基础;认识是可变,属上层。本区划立足于特征。

二、地层区划分方案

按以上原则,将中国西北地区区域地层划分为22个区、49个地区,另圈出以新生代沉积为主的8个大、中、小型内陆盆地的大致范围。在中国西北地区,除阿尔金-北山、祁连、柴北缘、东昆仑及塔里木外,其他地层区均延伸出境。各级别地层区的分布、名称见附图《中国西北区域地层自然区划图》。

各级别地层区的界线:

阿尔泰区(①)与准噶尔区(②)以额尔齐斯断裂带为界。该断裂带大致沿额尔齐斯河南、北两侧由两条大致平行的断裂组成,依地层特征,本区划以南侧断裂为界。该界线与其他学者所划分阿尔泰与准噶尔构造单元的界线基本一致。

北天山区(③)与中天山区(④)以艾比湖-阿其克库都克断裂为界。该界线大致相当于张二朋等(1998)所划分的北疆-兴安地层大区,王作勋等(1990)、肖序常等(1992)所划分北天山构造单元和肖序常等(2010)所划分哈萨克斯坦板块(我国境内称准噶尔板块)的南界,但前人对东段界线的具体位置划分尚不一致,本区划以中天山大面积前寒武纪地层出露区北侧断裂为界,向东是明水-旱山前寒武纪地层出露区,以明水-旱山地块北缘断裂为界,继续向东被额济纳中新生代盆地掩盖。

中天山区(④)与南天山区(⑤)的分界,西段为长阿吾子-那拉提断裂;中段为古洛沟-乌瓦门蛇绿混杂岩带;东段为卡瓦布拉克断裂。此界线与肖序常等(1992)、王作勋等(1990)所划分伊犁-中天山与南天山构造单元的界线相一致。

南天山区(⑤)与塔里木区(⑥)以柯坪、库鲁克塔格地块北界为界。该界线中西段与程裕淇等(1994)、张二朋等(1998)所划分中南天山地层区与塔里木地层区的界线基本一致,也是肖序常等(1992)、王作勋(1990)所划分哈萨克斯坦板块的南界。

阿尔金-北山区(⑦)是本次编图独立划分出的一个区,地理上处于新、甘、蒙三省(区)接壤地带。其北界为北东东向车尔臣-赛里克萨依断裂,向北东延伸交于北天山南缘断裂带;南界为阿尔金南缘主边界断裂构造混杂岩带,向北东延伸被巴丹吉林沙漠覆盖,向南西延伸与西昆仑南缘断裂(构造混杂岩)带相接。该区自北东至南西包含马鬃山、罗雅楚山、红柳园、敦煌、红柳沟-拉配泉(含阿北)、阿中及阿南等7个二级地区,属广义的阿尔金构造带。总体呈北东东向延伸,横截于西北区中部,东为华北、秦祁、柴达木、东昆仑等,西为天山、塔里木、西昆仑等地质单元,其地层的组成、结构较为特殊。前人对其与东、西地质单元的关系认识尚不统一,多数将北山作为中南天山的延伸部分(肖序常等,2010;左国朝等,1996),将西南段敦煌、阿尔金归入塔里木地质单元(新疆维吾尔自治区地质矿产勘查开发局,1993;肖序常等,1992),或将西南段归为昆仑-祁连-秦岭造山系的一部分,将北山归入天山-兴安造山系(任纪舜等,1999)。鉴于以上,按本区划的原则,将其独立划分为一个区,以供后人从不同角度分析。

华北区(⑨)与祁连区(⑩)的界线各家划分基本一致,除在甘肃金昌、宁夏吴忠、罗山地表可见断裂外,多数已被新生界覆盖,现今的界线是一条大致分界线,主要依地层的总体特征及部分地球物理资料加以推断解释。

关于祁连区(⑩)内部二级地层区(地区)的划分,一般都将祁连区划分为南、中、北(含走廊)等次一级地质单元,它们都以多期活动的断裂为边界,但具体位置则不一致。本区划将酒泉-中宁(含走廊)地区与北祁连地区的分界定在旱峡—老君山—乌稍岭—海原—六盘山一线,大致相当于冯益民等(1996)所确定的岛弧-弧后盆地的北界,其北为北祁连弧后盆地沉积区。中祁连与北祁连分界大致在野牛台—托莱河南侧—门源—白银一线,西段将前人所划分的海沟杂岩及寒武纪—奥陶纪蛇绿岩归入北祁连;东南段在白银以西以大坂山-了高山构造混杂岩带为界,陇山地区暂以马衔山岩群、兴隆山群、皋兰群分布区的东缘为界,以东归北祁连。中祁连与南祁连的分界总体以南祁连寒武纪—奥陶纪地层分布的北缘断裂为界,将拉脊山归入南祁连地区。祁连区与柴北缘区的界线为宗务隆山-青海湖南缘断裂,该断裂现今向东经尖扎—临夏—天水一线,为不同地层-构造区分界线。

北秦岭区(⑪)与中南秦岭区(⑫)的界线,在陕西境内仍为商丹断裂构造混杂岩带,在甘肃天水一带以关子镇-唐藏南侧弧形断裂为界,带内有新元古代和早古生代蛇绿混杂岩,西段为关子镇-李子园蛇绿混杂岩。其北暂以天水断裂北侧新阳-元龙韧性剪切带作为与祁连区的界线。

中南秦岭区(⑫)与摩天岭区(⑯)和汉南区(⑰)两区以勉略断裂带为界。

关于东昆仑区(⑭)和柴北缘区(⑬)与秦岭区的界线,之间被共和-兴海大面积海相石炭系—中三叠统覆盖,北为宗务隆山-青海湖南缘断裂,南为木孜塔格-玛沁构造混杂岩带。因此,存在两种不同的划分:一种以昆仑康西瓦-木孜塔格-玛沁-略阳断裂带(或称结合带)为界,以北归秦祁昆区,并大致以北西向哇洪山(或鄂拉山)断裂为界,以西归昆仑区、柴北缘区,以东归中南秦岭区(任纪舜等,2004;潘桂棠等,2004);另一种划分以康西瓦-商南断裂带(东昆仑可能指昆中断裂)为界,以北归华北区,以南归华南区(高振家,2000;黄崇轲等,2004)。第一种划分似乎是从古生代的沉积格局考虑,接近于综合地层区的划分。第二种划分主要从早古生代板块构造的沉积格局出发,将晚古生代—中三叠世共和-兴海盆地人为一分为二。共和-兴海盆地与中南秦岭区之间虽有一条北东向泽席-同仁断裂,但从晚古生代—中三叠世地层组成特征来看,应为一个统一的沉积盆地。本区划参照前述区划原则,将柴北缘宗务隆山-贵南地区与中南秦岭区的界线暂以泽库-同仁断裂为界。东昆仑与秦岭仍保留各自地层区,不作统一。

东昆仑区(⑭)与柴北缘区(⑬)原则上以柴达木中-新生代盆地为界,东段为都兰北西向断裂。东昆仑区三分,东昆北与东昆中是一条无形分界线,本区划总体以大套前寒武纪地层出露区的北界,或以奥陶系—志留系(滩间山群)出露区南界断层分界。东昆中与东昆南以东昆中南缘断裂(构造混杂岩)带为界,西段为朝阳沟—大九坝—吐木里克,东段为五龙沟脑—清水泉。该带断续出露早古生代蛇绿构造混杂岩残体。

巴颜喀拉山区(⑮)北以木孜塔格-玛沁断裂构造(混杂岩)带与东昆仑为界。该带西延交于阿尔金断裂带,东延于甘(肃)陕(西)境内可能与勉略构造混杂岩带相连。在新(疆)青(海)境内,沿该带有石炭纪—二叠纪蛇绿构造混杂岩分布;南以西金乌兰湖-玉树(歇武)蛇绿构造混杂岩与乌丽-囊谦(芒康-思茅)为界,该带向西延入西藏经羊湖至邦达错,带内有石炭纪—二叠纪及三叠纪蛇绿构造混杂岩分布。

西昆仑区(⑱)北以西昆仑北缘(西昆北)断裂带与塔里木区为界,在莎车、叶城以西库孜拉甫-奥木厦有一规模较大的构造混杂岩体,西延于木吉—恰特一带。本区划以中—上泥盆统分布区的南界断层作为两区的分界,与以往某些划分相比略为偏南。东延自于田—叶桑岗被塔里木新生界覆盖。南以西昆仑南缘(西昆南)构造混杂岩带(即康西瓦断裂带)为界,分别与西巴颜喀拉/塔什库尔干-甜水海区相邻,向东延于阿其库勒与阿尔金断裂带相接。西昆仑中部地区北以库地-其曼于特蛇绿构造混杂岩带与西昆仑北部地区为界,南以柳什塔格(苏巴什)断裂与西昆仑南部地区为界。

塔什库尔干-甜水海区(⑲)和喀喇昆仑-神仙湾区(⑳)两区位于西北境内西南隅,北以西昆仑南及泉水沟断裂带为界与西昆仑区和巴颜喀拉山区相邻,南于西藏境内以班公-怒江构造混杂岩带与冈底斯地层区分界,西延出国境,东延于西藏境内以北东向班公错-龙木错-拜惹布错断裂为界与羌塘区斜接。内部以喀喇昆仑断裂作为两地层区分界。前人多数将塔什库尔干-甜水海区和喀喇昆仑-神仙湾区分别作为北羌塘区和南羌塘区的西延部分(潘桂棠等,2004;李荣社等,2007),或统归为羌塘区(潘桂棠等,2009)。本区划考虑其地层组成及序列结构与东部乌丽-囊谦区(㉑)和羌塘区既有相同点,也有不同之处,故将这两个地层区暂作为并列的两个独立地层区,以利于研究这两个地层区与东部地层区的时空关系。

羌塘区(㉒)的北界在青海境内以乌兰乌拉湖-杂多南带与乌丽-囊谦为界,但自青藏铁路线以东此界线不明显,向西在西藏境内自若拉岗日向西与西金乌兰湖-玉树蛇绿构造混杂岩复合,乌兰乌拉湖蛇绿岩是弧后小洋盆的残迹。羌塘区的南界在西北地区内未见,西藏境内为班公-怒江构造混杂岩带。南、北羌塘区在西北地区仅在青海囊谦县解(吉)曲南有一不很明显的界线,该界线在西藏境内为龙木错-双湖构造混杂岩带,即潘桂棠等(2009)所划的龙木错-双湖增生杂岩($Pz_2 - T_2$)。

第二节 中国西北岩石地层组成和时空结构表

一、概述

一定区域内的地层,都是由若干不同时代的地层单位所组成,这些地层单位由老到新构成的自然顺序称为地层序列。不同地层单位在时空上的分布特征及其相互关系,称为地层的时空结构。地层时空结构反映一个区域地层基本特征。西北区域地层序列及时空结构的基本特征以中国西北岩石地层组成和时空结构表(附表)进行综合反映,本次编图将该表作为附表与中国西北区域地层自然区划图和中国西北地质图(1∶1 000 000)配套使用。表中以岩石地层单位表示,单位名称、时代除依新资料加以厘定、修改外,原则上与相关已出版的各省(区)岩石地层保持一致。表中内容的表示方法在本节第二部分中加以详细说明。该表反映了各岩石地层单位的基本物质组成、各沉积区地层序列、各地层单位之间界线的性质、区域海(洋)陆转换、主要火山-沉积事件、各断代岩石地层的变化及区域地层的划分(研究)精度。此外,还反映了蛇绿构造混杂岩带的时空分布特征。这些信息有助于断代地层区划和岩石地层格架研究,揭示区域沉积-构造演化史,赋予许多内涵信息,可为读者提供更广阔的思维空间。

二、中国西北岩石地层组成和时空结构表表示方法

本表与中国西北区域地层自然区划图配合使用,既反映了西北地区岩石地层的基本组成和时空结构的基本特征,又可作为中国西北地质图(1∶1 000 000)的地层图例。现就该表所表达的有关形式及内容作相关说明,以便于读者使用。

(1)表中地层划分为岩石地层单位,各地层单位的名称原则以已出版的各省(区)岩石地层为基础,辅以最新的调查研究成果进行补充修改,少数地层单位尚未正式命名,仅以地质时代代号表达。

(2)表中地层单位的代号按国家标准和行业标准,对出现同时代不同地层单位代号的重复部分略作调整,鉴于地层单位数量众多,对少数非相邻地层区代号重复者不作调整。有地层单位无代号表示并层。表中地层单位代号、色标和地质图中的代号、色标一致。

(3)图面及表中地层区编号与中国西北区域地层自然区划图中的名称及编号划分一致,按"区"及"地区"两级编制,对同一"地区"东西或南北方向有所变化的,再划分为若干段,并注明相应的地理名称(如西昆仑北部地区、东昆仑南部地区均划分为西、中、东段;中天山伊犁地区划分为南部昭苏-尼勒克和北部婆罗科努-博乐),表中排列按地层区划,原则为自西(左)向东(右)、自北(左)向南(右)编制,反映其时空变化。

(4)并层地层单位代号的表示,在时代代号之后加地层单位名称代号。两个地层单位并层,名称代号之间用"."连接,如祁连区大黄沟组($P_{1-2}d$)与红泉组($P_{2-3}hq$)并层表示为"$Pd.hq$";两个以上地层单位并层,仅表示最老和最新地层单位名称代号,之间用"-"连接,如汉南区牛蹄塘组($\in_1 n$)、石牌组($\in_2 s$)、仙女洞组($\in_2 x$)和沧浪铺组($\in_2 c$)并层,表示为"$\in_{1-2}n-c$";部分地层单位出露窄且密集,则省略了地层单位名称代号,仅表示地质时代代号,如鄂尔多斯西南缘地区,由辛集组($\in_2 xj$)、朱砂洞组($\in_2 z$)、馒头组($\in_{2-3}m$)、张夏组($\in_3 z$)和三山子组($\in_3 O_1 s$)并层,仅表示为"$\in_2 O_1$",但这种代号在该地层区具唯一性。

(5)表中地层接触关系的表示分为整合(———)、平行不整合(— — —)、角度不整合(〰〰〰)、断层(═══或红色线条)和未露顶底或未直接接触(………)6类线型,所以这些关系均指地质图中相邻接地层之间的关系。对有地层缺失的地层序列,不整合和平行不整合的线型均表示上覆地层的底界,下伏地层的顶界用未出露顶的线型。如鄂尔多斯马家沟组($O_{1-2}m$)与本溪组($C_2 b$)为平行不整合,北祁连老君山组($D_{2-3}l$)与肮脏沟组($S_1 a$)为不整合,但两地层单位之间为断层或未见直接接触关系,则新地层的底界和老地层的顶界均用断层或未直接接触关系的线型表示,如东昆仑纳赤台群(ON)与万宝沟群($Pt_{2-3}W$)为断层接触。阿拉善韩母山群($ZO_1 H$)与臭牛沟组($C_1 c$)为未直接接触。部分不整合线型之上或之下加括号的地层单位代号指与时代邻接的地层未直接接触,但与上覆或下伏地层为不整合接触,如柴北缘赛什腾山牦牛山组($D_3 m$)与赛什腾组(Ss)未直接接触,但与滩间山群($\in OT$)为不整合接触。

(6)表中蛇绿构造混杂带地质体边框用红线表示呈岩块(片)产出。另将带内基性、超基性岩体也表示上,其代号与国际通用做法一致,如Σ为超基性岩、ν为辉长岩、β为辉绿岩等。

(7) 部分地层时代代号右上角标"X"代号指该地质体主要岩石组成,如 Ca-碳酸盐岩、ls-灰岩、ss-砂质板岩、Si-硅质岩、ph-千枚岩、v-火山岩、Lti-浅粒岩、m-大理岩、qs-石英片岩、qz-石英岩、gn-片麻岩、M-变质岩、c-杂岩,两种或两种以上用"."连接。

(8) 新近纪以来火山岩在地层时代代号右上角表示,如 λ-酸性火山岩、α-中性火山岩、β-基性火山岩、t-碱性火山岩、v-火山岩未分,双岩类用双代号,如 αβ-代表中基性火山岩等。

(9) 表中其他代号按国家标准和行业标准,如 oφ-蛇绿岩、oφm-蛇绿混杂岩、mlg-混杂岩、Tmlg-构造混杂岩。

(10) 表中岩性花纹蓝色指海相地层,绿色指海陆过渡(交互)相地层,棕色指陆相地层;淡紫色指蛇绿岩残块,淡紫色平行线指具有蛇绿岩组合某些特征。

(11) 第四纪地层的分布已不受本图地层区划的制约,故本表仅表示出第四纪火山岩地层,其他不再一一表示。地质图上第四纪地层时代划分为 Qp、Qp^1、Qp^2、Qp^3、Qh 及少数跨期如 Qp^{1-2}、Qp^{2-3} 等。

(12) 第四纪主要成因类型代号为 pal-洪冲积、pl-洪积、al-冲积、fl-湖沼积、l-湖积、gfl-冰水堆积、gl-冰成岩、eol-风积(风成沙为主)、ch-化学堆积、los-风成黄土、eld-残坡积、f-沼泽堆积,复合成因用双代号。

(13) 第四系已命名地层单位为西域组(Qp^1x)、康苏拉克组(Qp^1k)、七个泉组(Qp^1q)、乌苏群(Qp^2W)、新疆群(Qp^3X 或 Qp^3QhX)、玉门组(Qp^1y)、共和组(Qp^1g)、离石黄土($Qp^{2los}ls$)、萨拉乌苏组(Qp^3s)、马兰黄土($Qp^{3los}m$)、湖东梁组(E_2Qhd),此外还有普鲁火山岩(Qp^1p)、金顶口火山岩($Qp^α$)等。

(14) 为便于使用,将"中国西北岩石地层组成和时空结构表"大致以区域划分为北部表和南部表,其界线西段自塔里木盆地北部乌恰—巴楚—红柳沟—拉配泉,中段以柴北缘,东段以四川省省界为界,这一线以北和以南地层分别编入北部表和南部表。

三、区域地层概貌

编图区地层发育齐全,自太古宙至新生代各个地质时代地层均有出露,记录了本区大陆壳早期的形成,大陆岩石圈的伸展、裂解和大洋岩石圈俯冲消减的各种沉积信息,有多种沉积类型和岩石地层类型,火山沉积地层发育,新近纪还有陆相火山喷发,中新世还有少数海相沉积。

1. 前寒武纪地层特征

前寒武纪地层绝大多数出露于古生代造山带内,以不同规模的陆块(群)产出,或沿稳定区的边缘分布,有成层有序、成层无序及无层无序的正式地层单位和特殊地层单位等多种岩石地层类型。①太古宇—古元古界由高—中级变质岩组成,构成本区早期大陆地壳的重要组成部分,除库鲁克塔格和陕豫西部地区外,这个时代地层多数被改造和再造,不易具体划分。经初步研究,早期大陆地壳内残留了许多揭示前寒武纪早期大陆地壳形成演化的宏、微观信息。②中元古界以层状有序为主,少数层状无序,以活动类型为主,其次为过渡(准活动或准稳定)和稳定类型:活动类型多数为火山岩-沉积岩组合;过渡类型和稳定类型以泥质岩、碎屑岩-碳酸盐岩组合为主。这一时期的组合形成于陆内坳陷、被动陆缘、活动陆缘和陆间裂谷(陷)等多种沉积-构造盆地,基本反映了中元古代是在古元古代基底固结后的大陆壳基础上,经历陆壳加厚、陆缘增生、陆间侧向和垂向加积的复杂演化阶段,说明中元古代在古元古代固结的大陆壳背景上稳定与活动已明显分野。③新元古界分布范围较中元古界小,多数为成层有序,有活动、过渡和稳定沉积类型,沉积组合以泥碎屑岩-碳酸盐岩(或以碳酸盐岩)为主,青白口系在碧口及西乡保留有弧盆系地质记录。而南华纪沉积普遍与青白口纪沉积之间呈现区域性角度不整合,表明这一时期弧盆系的终结。南华纪沉积的最大特点是出现大陆裂解的大陆裂谷双峰式火山岩地质记录,此外还出现冰成岩组合,到了震旦纪部分地区出现趋于稳定的碳酸盐岩沉积,而另一些地区则仍然继续着裂陷盆地沉积,如库鲁克塔格地区。因此,这一时期的沉积组合形成于陆内坳陷、陆缘裂陷(谷)、被动陆缘等多种沉积-构造盆地。

西北地区前寒武纪地层主体分布于塔里木、华北克拉通及准噶尔、吐哈、阿拉善、敦煌等地块周缘地区。前人研究成果表明,西北地区冥古宙—始太古代的年龄信息主要为捕获锆石或碎屑锆石年龄,如北秦岭奥陶系草滩沟群火山岩中(4097±5)Ma的捕获锆石年龄(王洪亮等,2007),阿尔金东端花岗片麻岩中(3605±43)Ma的锆石年代信息(李惠民等,2001),河西走廊泥盆系中宁组砂岩中发现(3891±17)Ma和(4022±16)Ma的碎屑锆石年龄(袁伟等,2012),东准噶尔阿尔曼泰蛇绿混杂岩沉积岩岩块中发现4.04Ga的碎屑锆石年龄(黄岗等,2013)。古太古代以来的前寒武纪地质体发育相对较少,且在古太古代—古元古代时期普遍存在侵入体年龄大、围岩年龄小的年代学特征,本书仅对西北地区目前发现的克拉通、地块中最古老的岩石记录进行简要列举。

西北地区的克拉通(地块)包括塔里木克拉通、华北克拉通、准噶尔地块、吐哈地块、阿拉善地块、中祁连地块和敦煌地块等,结合西北地区地层分区,现就西北地区前寒武纪地层分布及形成时代情况简述如下。就目前研究成果而言,阿尔泰-准噶尔地区,仅在阿尔泰区①和额尔齐斯构造带出露克木齐岩群($Pt_1K.$)、苏普特岩群($Pt_2S.$)、富蕴岩群($Pt_3F.$)和喀纳斯岩群($Z\in K.$)。

北天山区③巴音沟-七角井地区发育扎曼苏岩群($Pt_2Z.$)和道草沟岩群($Pt_2D.$),甘蒙康古尔-黑鹰山地区发育北山杂岩($Ar_2Pt_1B^c.$),新疆觉罗塔格-雀儿山地区发育星星峡岩群($Pt_2^1X.$)和卡瓦布拉克岩群($Pt_3^{2-3}K.$)。

中天山区④前寒武系发育,在伊犁地区南部新源等地主要发育木扎尔特岩群($Pt_1M.$)、特克斯群(Pt_2^1T)、科克苏群($Pt_2^{2-3}Kk$)、库什台群(Pt_3^1K)和凯拉克提群($Pt_3^{2-3}K$);北部婆罗科努一带发育温泉岩群($Pt_1W.$)、特克斯群(Pt_2^1T)、库松木切克群($Pt_2^{2-3}Ks$)、开尔塔斯群(Pt_3^1Ke)和含冰碛岩的凯拉克提群($Pt_3^{2-3}K$)等;在巴伦台地区发育星星峡岩群($Pt_2^1X.$)和科克苏群($Pt_2^{2-3}Kk$);东部阿拉塔格-星星峡地区主要发育北山杂岩($Ar_2Pt_1B^c.$)、兴地塔格群(Pt_1X)、星星峡岩群($Pt_2^1X.$)、卡瓦布拉克群($Pt_2^{2-3}K$)和库鲁克塔格群下部层位(Pt_3^2)。

南天山区⑤主要发育兴地塔格群(Pt_1X)、阿克苏岩群($Pt_2^1A.$)和卡瓦布拉克群($Pt_2^{2-3}K$),仅在库米什地区出露星星峡岩群($Pt_2^1X.$)。

塔里木区⑥前寒武系主要分布于盆地北缘的库鲁克塔格、西北的阿克苏-乌什、西南的铁克里克和东南的敦煌-阿尔金北缘地区。目前研究认为敦煌地区在古生代卷入了古亚洲构造域,因此将敦煌和阿尔金北缘地区分别进行列举。库鲁克塔格地区最古老的岩石记录为辛格尔地区片麻岩中约3.3Ga的斜长角闪岩包体(胡霭琴和韦刚健,2006),主要发育达格拉格布拉克杂岩($Ar_{2-3}D^c.$)、兴地塔格群(Pt_1X)、扬吉布拉群(Pt_2^1Y)、星星峡岩群($Pt_2^1X.$)、爱尔基干群(Pt_2^1A)、卡瓦布拉克群($Pt_2^{2-3}K$)、帕尔岗塔格群(Pt_3^1P)和库鲁克塔格群(Pt_3^{2-3});阿克苏地区以库车地区(1848±7)Ma的黑云斜长片麻岩为代表(Xu et al.,2013),该地区主要发育阿克苏岩群($Pt_2^1A.$)及部分新元古代地层;塔南铁克里克地区出露古元古界-震旦系,有古元古界赫罗斯坦岩群($Pt_1H.$)、埃连卡特岩群($Pt_1A.$);中元古界塞拉加兹塔格群(Pt_2^1Sl)、博查特塔格组($Pt_3^{2-2}bc$)、苏玛兰组($Pt_3^{2-2}s$);新元古界苏库罗克组(Pt_3^1sk)、恰克马克力克组(Pt_3^2q)、库尔卡克组(Zk)、克孜苏胡木组(Zkz),其中在赫罗斯坦岩群($Pt_1H.$)中紫苏辉石麻粒岩的原岩形成时代为(3 137.3±4.1)Ma(郭新成等,2013)。

阿尔金-北山区⑦可分为马鬃山地区、罗雅楚山地区、红柳园地区、敦煌地区、红柳沟-拉配泉地区、阿中地区和阿南地区。从北往南早前寒武系分布有:北山杂岩($Ar_2Pt_1B^c.$)、敦煌杂岩($Ar_2Pt_1D^c.$)、米兰岩群($ArPt_1M.$)、阿尔金岩群($Ar_3Pt_1A.^{a,b}$),在敦煌东巴兔山干沟地区有约3.06Ga的花岗闪长质片麻岩(赵燕等,2015),阿北阿克塔什塔格地区报道存在约3.7Ga的英云闪长片麻岩(Ge et al.,2018,2020)。中、新元古界在马鬃山、罗雅楚山和红柳园地区发育古硐井群(Pt_2^1G)、圆藻山群($Pt_{2-3}Y$)和洗肠井群(Pt_{2-3}^3X);敦煌地区及其以南发育其盖布拉克群(Pt_2^1Q)、巴什库尔干群(Pt_2^1B)、塔昔达坂群(Pt_2^1T)、索尔库里群(Pt_3^1S)和索拉克组(Pt_3^2s)。构造混杂带中发育有相邻造山带前寒武系构造块体。

锡林浩特区(⑧)发育的前寒武纪地层单位为北山杂岩($Ar_2Pt_1B^c$)、宝音图群(Pt_1By)和艾勒格庙组(Pt_3^1a)。

华北区(⑨)包含阿拉善-大青山(阴山)地区、鄂尔多斯地区、鄂尔多斯西南缘地区和陕豫西部地区,其中阿拉善-大青山(阴山)地区以阿拉善右旗地区发育的2.55~2.51Ga花岗闪长片麻岩为代表(宫江华等,2012;Zhang et al.,2013),发育兴和杂岩($Ar_{1-2}Xh^c$)、乌拉山岩群($Ar_{2-3}W.$)、色尔腾山岩群($Ar_3S.$)、宝音图群(Pt_1By)、美岱召岩群($Pt_1M.$)、渣尔泰山群($Pt_{2-3}Zh$)、白云鄂博群($Pt_{2-3}B$)、阿牙登组(Pt_3a)和墩子沟群($Pt_2^{2-3}D$);贺兰山一带,出露贺兰山岩群($Ar_3Pt_1Hl.$)、黄旗口组(Pt_2hq)、王全口群(Pt_2wq);龙首山岩群($Ar_3Pt_1L.$)主要展布在龙首山一带。

鄂尔多斯南缘地区发育涑水杂岩($ArSs^c$)、王全口组(Pt_2wq)、熊耳群(Pt_1^1Xe)、高山河群(Pt_2^1Gs)和官道口群(Pt_{2-3}^2G)。陕豫西部地区的小秦岭地区以太华岩群($ArT.$)中TTG片麻岩为代表,其侵位年龄为2902~2723Ma(第五春荣等,2018),还发育有铁洞沟组(Pt_1t)、熊耳群(Pt_1^1Xe)、高山河群(Pt_2^1Gs)、官道口群(Pt_{2-3}^2G)和白术沟组(Pt_3^1b)。

华北区震旦纪冰碛岩在大青山为什那干群(ZS),在贺兰山出露正目关组(Zzm),在龙首山发育韩母山群(ZO_1H),在岐山及陕豫西部的小秦岭地区发育罗圈组(Zl)。

祁连区(⑩)包含酒泉-中宁、北祁连、中祁连和南祁连4个地区。其中,酒泉-中宁地区前寒武系发育龙首山岩群($Ar_3Pt_1L.$)、海原岩群($Pt_2^1H.$)和窑洞沟组(Pt_3^1y)。北祁连地区西段发育托赖岩群($Pt_1T.$)、北大河岩群($Pt_1B.$)、熬油沟组(Pt_2^1a)、桦树沟组(Pt_2^1h)、南白水河组(Pt_2^1n)、花儿地组($Pt_2^{2-3}h$)、龚岔群(Pt_3^1G);中段发育马衔山岩群($Ar_3Pt_1M.$)、海原岩群($Pt_2^1H.$);东段发育陇山岩群($Pt_1L.$)、兴隆山群(Pt_2^1X)、高家湾组($Pt_2^{2-3}g$)和葫芦河群(ZOH)。中祁连地区西段及南部发育北大河岩群($Pt_1B.$)、托赖岩群($Pt_1T.$)、朱龙关群(Pt_2^1Z)、龚岔群(Pt_3^1G);中部发育较全,有湟源群(Pt_1H)、湟中群(Pt_2^1H)、花石山群(Pt_2H)和龚岔群(Pt_3^1G);东部发育马衔山岩群($Ar_3Pt_1M.$)、兴隆山群(Pt_2^1X)、皋兰群(Pt_2G)。南祁连发育化隆岩群($ArPt_1H.$)、熬油沟组(Pt_2^1a)、桦树沟组(Pt_2^1h)和天峻组(Pt_3t)。在北、中祁连中部,发育下部含冰碛岩的白杨沟群($Pt_3^{2-3}B$)。

柴北缘区(⑬)包含宗务隆山-贵南和赛什腾山-沙柳河两个地区。其中,宗务隆山-贵南地区发育时代未定的太古宙变质岩(Ar^M)、达肯大坂岩群($Pt_1D.$)、苦海岩群($Pt_1K.$)和丘吉东沟组(Pt_3^1q);赛什腾山-沙柳河地区发育达肯大坂岩群($Pt_1D.$)、小庙岩组($Pt_1^1x.$)、狼牙山组($Pt_2^{2-3}l$)和丘吉东沟组(Pt_3^1q)。

北秦岭区(⑪)前寒武系主要为秦岭岩群($Pt_1Q.$)、宽坪岩群($Pt_{2-3}K.$)、松树沟岩组($Pt_{2-3}ss.$)和峡河岩群($Pt_{2-3}X.$)。中南秦岭区(⑫)北部仅发育吴家山岩组($Pt_{2-3}w.$),南部发育佛坪岩群($Ar_3Pt_1F.$)、陡岭岩群($Pt_1Dl.$)、长角坝岩群($Pt_1C.$)、武当岩群($Pt_{2-3}W.$)和耀岭河组(Pt_3^2y)。巴颜喀拉山区(⑮)仅发育浅粒岩(Pt_2^1),未建组。摩天岭区(⑯)前寒武系主要包括鱼洞子岩群($Ar_3Y.$)、碧口岩群($Pt_{2-3}B.$)、刘家坪组(Pt_3^1l)、南华系(Pt_3^2)、陡山沱组($Z\epsilon_1d$)和灯影组($Z\epsilon_1dy$)。汉南区(⑰)发育后河岩群($Ar_3Pt_1H.$)、子午岩群($Pt_2Z.$)、火地垭群(Pt_2H)、三花石群($Pt_{2-3}S$)、西乡群(Pt_3^1X)、铁船山组(Pt_3^1t)、莲沱组($Pt_3^{2a}l$)、南沱组($Pt_3^{2c}n$)、三郎铺组(Pt_3^2s)、陡山沱组($Z\epsilon_1d$)和灯影组($Z\epsilon_1dy$)。

东昆仑区(⑭)发育白沙河岩群($Ar_3Pt_1B.$)、小庙岩组($Pt_1^1x.$)、狼牙山组($Pt_2^{2-3}l$)和丘吉东沟组(Pt_3^1q)。

西昆仑区(⑱)包含西昆仑北部地区、西昆仑中部地区和西昆仑南部地区。其中西昆仑北部地区发育库浪那古岩群($Pt_1Kl.$)、喀拉喀什岩群($Pt_1K.$)、卡芜岩群($Pt_2K.$)、流水店岩组($Pt_{2-3}ls.$)、桑株塔格岩群($Pt_{2-3}^2Sz.$)、苏库罗克组(Pt_3^1sk)和阿拉叫依岩群($Z\in A.$),西昆仑中部地区发育赛图拉岩群($Pt_1^1S.$)、桑株塔格岩群($Pt_{2-3}^2Sz.$)和阿拉玛斯岩群($Pt_2A.$),西昆南部地区发育双雁山片岩($Pt_{1-2}s^{sch}$)。塔什库尔干-甜水海区(⑲)发育布伦阔勒岩群($Pt_1Bl.$)、甜水海岩群($Pt_2^1T.$)和肖尔克谷地岩组($Pt_3^1xe.$)。喀喇昆仑-神仙湾区(⑳)仅发育前寒武系未分($An\in$)。乌丽-囊谦区(㉑)前寒武系仅发育宁多群($Pt_{2-3}N$)。羌塘区(㉒)仅在南羌塘地区发育吉塘岩群($Pt_{2-3}Jt.$)。

2. 古生代地层特征

古生界是西北区域地层的主体,各地层区发育特征差别明显,有海相、海陆相和陆相三大类地层。若以海、陆相地层的全面转换时间为主要标准,可大致以西昆仑南缘-阿尔金南缘断裂(构造混杂岩带)为界划分为4个大区:①东北部大区(含华北、北秦岭、祁连地层区),下古生界为海相,上古生界为海陆相,下二叠统中—晚期全面转为陆相。②西北部大区[含阿尔泰、准噶尔、天山、塔里木(北部)等地层区],寒武系至石炭系以海相为主,自二叠系始自北向南先后转变为陆相。③中部大区(含西昆仑、阿尔金-北山及锡林浩特地层区),该大区呈北东-南西向横贯西北中部,寒武系至中二叠统以海相为主,上二叠统转换为陆相。④南部大区(含柴北缘、东昆仑以南、中南秦岭及汉南等地层区),古生界全为海相,上三叠统转为陆相。

由于加里东期广泛存在造山运动,西北绝大部分区域在志留纪末暴露为古陆,自早泥盆世晚期或中泥盆世开始以拉张作用为主。因此,在西北部、中部和南部3个大区泥盆纪不同程度出现陆相→海陆相地层,部分地区,如河西走廊还出现大陆溢流玄武岩夹层。柴北缘地区早—中泥盆世为古陆剥蚀区,上泥盆统牦牛山组(D_3m)为陆相红色砾岩、砂砾岩和砂岩沉积为主,可见少量火山岩。祁连地区早泥盆世为古陆剥蚀区,中—上泥盆统老君山组($D_{2-3}l$)为陆相磨拉石沉积,中泥盆统石峡沟组(D_2sx)主体属于内陆河、湖相沉积,上泥盆统沙流水组(D_3s)/中宁组(D_3z)为陆相湖盆细碎屑岩或海陆过渡相紫红色砾岩、砂砾岩、泥岩沉积。结合东北部大区华北区的阿拉善大青山地区、鄂尔多斯盆地、陕豫西部地区和鄂尔多斯西南缘均缺失泥盆系沉积,泥盆纪时期为古陆剥蚀区,揭示了早、晚古生代之间,西北地区有一次隆升-造山事件。

古生代的沉积组合、沉积环境、沉积类型极为复杂。海相沉积组合可归为6种:碳酸盐岩为主组合、泥碎屑岩-碳酸盐岩组合、泥碎屑岩为主组合、碳硅质岩-碳酸盐岩组合、火山岩-正常沉积岩组合、火山岩为主组合;陆相沉积大致归纳为5种组合:碎屑岩为主组合、含煤泥碎屑岩组合、含油(或含盐)泥碎屑岩组合、火山岩-沉积岩组合、火山岩为主组合。海相沉积盆地,有陆棚海、边缘海、深海和远海;陆相沉积盆地以内陆(开阔和局限)盆地和近海坳陷盆地为主。沉积类型包含活动、过渡和稳定,造山带地区以前两类为主。以上特征大体反映了古生代海陆转换的总体轮廓、不同类型沉积盆地的复杂结构和大陆岩石圈伸展、裂解所形成海洋盆地俯冲、消减、对接过程的残余记录,揭示了洋陆转换格局。

阿尔泰区(①)下古生界发育不全,缺失中—晚寒武世和早志留世沉积记录。奥陶系由低级变质碎屑岩和中酸性火山岩组成[东锡勒克组(O_3dx)和白哈巴组(O_3b)]。中—顶志留统由陆源碎屑岩、火山碎屑岩夹少数中酸性火山熔岩组成[库鲁木提组($S_{2-4}k$)],具火山复理石沉积特征。泥盆系—石炭系由两个火山-沉积旋回组成,下—中泥盆统为早期旋回,由酸性火山岩、火山碎屑岩和陆源泥质碎屑岩组成[阿舍勒组($D_{1-2}a$)和康布铁堡组(D_1k)、阿勒泰组(D_2a)、正格火山岩($D_1\hat{z}$)](陈隽璐等,2021),横向上火山岩与碎屑岩互变,顶部以碎屑岩为主(张克信等,2017)。上泥盆统—上石炭统为晚期旋回,下部火山岩以中性为主,其次为基性,火山角砾岩发育[齐也组(D_3q)],其间夹滨-浅海相泥质岩、碎屑岩和灰岩

[库马苏组(D_3k)],上部火山岩以酸性为主[红山嘴组(C_1hs)],构成两个次级喷发旋回。

准噶尔区(②)下古生界零散出露,以奥陶系、志留系为主。奥陶系由活动类型火山岩、泥质碎屑岩夹硅质岩组成,东准噶尔以恰干布拉克组(O_1q)、乌列盖组(O_2w)、大柳沟组(O_3d)、加波萨尔组(O_3j)、巴斯他乌组(O_3bs)为代表,西准噶尔以拉巴岩组($O_1l.$)、图龙果依岩组($O_1t.$)和科克沙依岩组($O_2k.$)为代表,伴生有不同性质的蛇绿岩(西准噶尔有唐巴勒蛇绿岩、洪古勒楞蛇绿岩,东准噶尔有阿尔曼泰-北塔山蛇绿岩)。东、西准噶尔志留系有所不同:东准噶尔北部缺失,为剥蚀区,南部由浅海相碎屑岩夹碳酸盐岩组成[白山包组(S_2b)-红柳沟组(S_3D_1h)];西准噶尔南部由陆源碎屑岩-中基性火山岩夹硅质岩组成[恰尔尕也组(S_1q)-玛依勒山群(SM)],北部主要由浅海陆源碎屑岩夹少数火山岩组成[谢米斯台组($S_{1-2}x$)-克克雄库都克组($S_{3-4}kk$)]。在西准噶尔唐巴勒一带恰尔尕也组(S_1q)不整合在科克沙依岩组($O_2k.$)之上,库鲁木迪组(D_2k)不整合在玛依勒山群(SM)之上(白建科等,2015)。上述特征充分揭示了早古生代晚期东、西准噶尔沉积-构造盆地的明显差异。泥盆系以滨浅海相为主,中、上泥盆统普遍为海陆相或陆相沉积,主要由火山岩、碎屑岩组成。东准噶尔北、中、南部泥盆系组成有所差别,东北部由中基性火山岩、碎屑岩组成[托让格库都克组(D_1t)-北塔山组(D_2bt)-蕴都喀拉组(D_2y)-卡希翁组(D_3kx)],中部由陆源碎屑-火山碎屑岩组成[卓木巴斯套组(D_1z)-乌鲁苏巴斯套组(D_2w)-克安库都克组(D_3ka)],南部由被动陆缘碎屑岩组成[卡拉麦里组(Dk)],最年轻碎屑锆石年龄为393Ma(白建科等,2018)。西准噶尔南部为中基性和中酸性火山岩(李平等,2014)、碎屑岩、硅质岩[马拉苏组(D_1m)-库鲁木迪组(D_2k)-巴尔雷克组(D_2b)]和海陆相碎屑岩[铁列克提组(D_3tl)];中部为火山岩-碎屑岩组合[和布克赛组(D_1h)]和海陆-陆相碎屑岩[查干山组(D_2c)-呼吉尔斯特组(D_2h)];北部海相火山岩[萨吾尔山组(D_2sw)]属近海火山盆地。下石炭统普遍由滨浅海-海陆交互相陆源碎屑岩-火山碎屑岩组成[黑山头组(C_1h)-姜巴斯套组(C_1j)-那林卡拉组(C_1n)],下部夹中基性火山岩,中部局部夹煤层;但西准噶尔南部由中—深海具浊积岩特征细碎屑岩组成[希贝库拉斯组(C_1xb)-包古图组(C_1b)-太勒古拉组(C_1tl)](徐学义等,2014)。东准噶尔上石炭统主要分布于南部,早期由陆相中酸性和中基性火山岩夹碎屑岩组成[巴塔玛依内山组(C_2bt)],晚期为海陆交互相。西准噶尔上石炭统早期为陆相火山碎屑岩、陆源碎屑岩夹火山岩[吉木乃组(C_2jm)],晚期为海相碎屑岩沉积[恰其海组(C_2qq)]。二叠系全为陆相地层。下二叠统由中酸性或中基性火山熔岩、火山碎屑岩及少数陆源泥碎屑岩组成,以哈尔加乌组(P_1h)-卡拉岗组($P_{1-2}k$)为代表,属内陆火山盆地沉积。中—上二叠统分布零星,由陆源粗碎屑岩泥质岩组成,东准噶尔南部为冲积-河流相,局部含煤;西准噶尔为河流-湖沼相,局部含煤。

北天山区(③)奥陶系由碎屑岩和火山岩不等厚互层组成,哈尔里克地区奥陶系由火山岩、火山碎屑岩组成[恰干布拉克组(O_1q)、乌列盖组(O_2w)、大柳沟组(O_3d)和庙儿沟组(O_3m)],甘蒙雀儿山地区由陆源碎屑岩、碳酸盐岩夹火山岩组成[罗雅楚山组(Ol)、咸水湖组(O_2x)和白云山组(O_3by)]。志留系主要由海相陆源泥质岩、细碎屑岩组成,但东、西段特征有所差别。西段(新疆境内)缺失下—中志留统,顶志留统与下泥盆统早期为连续沉积[红柳沟组(S_4D_1h)];东段发育较全,中—上志留统形成厚达千米的中基性和中酸性火山岩[公婆泉群($S_{2-3}G$)]。泥盆系主要由火山熔岩、火山碎屑岩夹陆源细碎屑岩组成,夹硅质岩及少量大理岩,横向变化大。西段早期火山岩以中基性为主[大南湖组(D_1d)],中期以中酸性为主[头苏泉组(D_2ts)],晚期为陆相中酸性火山岩[康古尔塔格组(D_3kg)];东段缺失晚泥盆世沉积,下—中泥盆统主要由中性火山岩组成[雀儿山群($D_{1-2}Q$)]。石炭系除将军庙一带为海陆相碎屑岩组合外,多为海相活动类型火山岩-碎屑岩组合,火山岩为中酸性和中基性不同组合,大致以吐哈早古生代隆起为界,南部地层以小热泉子组(C_1xr)、白山组(C_1bs)为代表,北部盆地地层以沙大王组(C_1s)、七角井组(C_1q)为代表。晚石炭世火山岩地层主要分布在北部博格达—七角井和南部康古尔—黄山一带,其余地区主要由陆源火山碎屑岩夹碳酸盐岩组成[奇尔古斯套组(C_2q)、底坎尔组(C_2d)、扫子山组(C_{1-2}

s)]。二叠纪时期,在甘蒙交界的红石山-呼噜赤古特残存下—中二叠统滨浅海相陆源碎屑岩-碳酸盐岩组合[双堡塘组($P_{1-2}s$)]、基性火山岩[金塔组(P_2jt)],缺失上二叠统记录;达坂城、觉罗塔格地区下二叠统为海相、海陆交互相碎屑岩夹碳酸盐岩,含植物化石[石人子沟组(P_1s)-塔什库拉组(P_1t)],觉罗塔格地区为阿其克布拉克组(P_1a),其他地区为海陆及陆相中酸性火山岩、碎屑岩组合[阿尔巴萨依组(P_1ae)]、山麓-河湖相碎屑岩组合[库莱组($P_{2-3}kl$)]、三角洲-湖相含油泥质岩、碎屑岩组合[乌拉泊组(P_2w)-锅底坑组(P_3g)]。

中天山区(④)下古生界主要分布于伊犁地区北部婆罗科努一带。寒武系—奥陶系为连续沉积,由含磷碎屑岩-碳酸盐岩组合[磷矿沟组-肯萨依组-果子沟组(∈)]→笔石相碎屑岩-碳硅质岩-碳酸盐岩组合[新二台组($O_{1-2}x$)-科克萨雷溪组(O_3kk)]→含菱锰矿火山岩-碎屑岩组合[奈楞格列达坂群(O_3N)]序列构成。志留系由笔石相含碳泥质岩、碎屑岩[尼勒克河组(S_1n)]→介壳相碎屑岩[基夫克组(S_2j)-库茹尔组(S_3k)]→杂色碎屑岩[博罗霍洛山组(S_4b)]序列组合组成。值得注意的是,米什沟组(S_1m)不整合在蛇绿岩及奥陶系之上。在伊犁地区南缘和巴仑台地区上—顶志留统组成与北部不同,由中基性火山岩-火山碎屑岩-杂砂岩组成[巴音布鲁克组($S_{3-4}b$)]。上古生界主要分布于伊犁地区,普遍缺失早泥盆世沉积记录。中—上泥盆统由海相火山岩[阿克塔什组(D_2ak)]-碎屑岩组合[汗吉尕组(D_2hj)]-海陆相[托斯库尔他乌组(D_3ts)、艾尔肯组(D_3a)]或陆相[吐乎拉苏组(D_3th)]地层组成。石炭系分布比泥盆系广,主要由海相地层组成,西段自下而上可划分为4套岩石组合:基性和中酸性火山岩组合[大哈拉军山组(C_1d)],火山碎屑岩-陆源碎屑岩组合[阿克沙克组($C_{1-2}a$)],火山岩与陆源碎屑岩-碳酸盐岩互层[伊什基里克组(C_2ys)、东图津河组(C_2dt)],海陆相杂色陆源碎屑岩组合[科古琴山组(C_2k)]。中段巴仑台地区由陆源泥质岩、碳酸盐岩组成[马鞍桥组($C_{1-2}m$)和东图津河组(C_2dt)]。下二叠统由巨厚海陆相火山岩组成[乌郎组(P_1w)];中—上二叠统由河湖相碎屑岩-基性火山岩-含煤碎屑岩组成[晓山萨依组(P_2xs)-巴斯尔干组(P_3b)]。

南天山区(⑤)下古生界以东段和静-库米什地区地层系统发育较为完整。寒武系—奥陶系出露零星,主要由陆源碎屑岩-碳硅质岩-碳酸盐岩序列组成[黄山组($∈_{1-3}h$)-南灰山组($∈_3O_2n$)-白云山组(O_3by)/硫磺山群(O_3L)]。在元古宙隆起及边缘地层发育不全,由陆源碎屑岩-碳酸盐岩夹硅质岩-镁质碳酸盐岩组成[肖尔布拉克组($∈_{1-2}x$)-阿瓦塔格组($∈_2a$)]。志留系分布较广,主要由陆源碎屑岩-凝灰质碎屑岩[柯尔克孜塔木组($S_{1-2}k$)]、浅海介壳碎屑岩-碳酸盐岩组合[科克铁克达坂组($S_{2-3}k$)]组成。在中—东段哈尔克山-库米什地区上志留统—下泥盆统不易具体划分,这套地层统称为阿尔皮什麦布拉组(S_3D_1a),由浅变质岩类(绿片岩、石英片岩、凝灰质板岩等)组成。泥盆系由泥质碎屑岩、碳酸盐岩夹火山岩组成,西段形成于滨浅海-台地环境[阿帕达尔康组(D_1ap)-津丹苏组(D_3j)],中—东段形成于浅海—半深海环境[萨阿尔明组D_2s-哈孜尔布拉克组(D_3h)]。上石炭统—下二叠统在西南天山南缘由次深水盆地相细碎屑岩组成[喀拉治尔加组(C_2P_1kl)]。中—上二叠统分布于塔里木陆块北缘黑英山一带,由海陆相中酸性火山岩、凝灰岩、凝灰质碎屑岩[小提坎立克组(P_2x)-杂色陆相碎屑岩夹碳质页岩[库尔干组(P_2ke)-比尤勒包谷孜组(P_3by)]序列组成。

塔里木区(⑥)下古生界主要出露于塔里木盆地周缘,形成于陆棚海,由欠补偿沉积到碳酸盐岩沉积。寒武系—奥陶系主要由含磷、铀硅质岩、碳酸盐岩(∈)-泥质岩、碎屑岩、硅质岩、碳酸盐岩(O)序列组成,在库鲁克塔格下寒武统[西大山组($∈_{1-2}xd$)]中尚夹有数十米厚基性火山岩。志留系由滨-浅海陆源碎屑岩组成。泥盆系与志留系为连续沉积,在柯坪地区自陆块向边缘由海陆相碎屑岩、碳酸盐岩[依木干他乌组($D_{1-2}y$)]-碎屑岩[哈孜尔布拉克组(D_3h)]序列组成,其西南边缘(东阿赖一带)由陆缘斜坡碎屑岩、火山岩、碳酸盐岩组成[阿帕达尔康组(D_1ap)-托格买提组(D_2t)-坦盖塔尔组(D_3t)],库鲁克塔格地区泥盆纪早—中期由滨-浅海碎屑岩[树沟子组(S_2D_2s)过渡为滨岸-河口三角洲海陆相沉积[哈孜尔塔格组（D_3h）］。石炭系—二叠系主要出露于柯坪地区，石炭系由海相碎屑岩、碳酸盐岩组成［巴什索贡组（C_1b）-别根塔乌组（C_2b）-康克林组（C_2P_1kk）］；二叠系由浅海—次深海碎屑岩、碳酸盐岩组成［巴立克立克组-卡伦达尔组（P_{1-2}）］，边部夹海-陆相基性火山岩［库普库兹满组-开派兹雷克组（P_2）］，晚期过渡为陆相杂色碎屑岩、泥质岩夹煤层组合［沙井子组（P_3s）］。

阿尔金-北山区（⑦）下古生界组成较为复杂，主要形成于南、北两个伸展型盆地，构成"两盆三块"（阿尔金、敦煌、马鬃山）基本沉积-构造格局。南部盆地（红柳沟—拉配泉）奥陶系由变质岩类（泥质大理岩、板岩、凝灰岩）组成［拉配泉群 $O_{2-3}(L)$］，在阿中陆块上零星分布奥陶系滨-浅海稳定类型碎屑岩-碳酸盐岩组合［额兰塔格组（O_1e）-环形山组（$O_{2-3}h$）］。北部盆地寒武系由碳硅质岩-泥碎屑岩-碳酸盐岩组成［双鹰山组（$\epsilon_{1-2}s$）-西双鹰山组（$\epsilon_{2-4}x$）］。奥陶系由陆源碎屑岩-碳硅质岩-碳酸盐岩序列［罗雅楚山组（Ol）］和火山岩-碎屑岩组合［花牛山群（OH）］组成。志留系由碎屑岩、碳硅质（板）岩、火山岩等组成，南陆缘区北部主要由陆源碎屑岩组成［黑尖山碎屑岩（Sh^{ss}）］；北部盆地南部主要由火山岩和碎屑岩组成，北部由火山浊积岩-钙碱性中基性火山岩组成［公婆泉群 $O_2S_3(G)$］，向东（内蒙古自治区境内）过渡为深—浅海笔石相泥质岩、硅质板岩、碎屑岩组合［班定陶勒盖组（S_1b）和园包山组（S_1y）］。顶志留统形成杂色碎屑岩夹碳酸盐岩［碎石山组（S_4s）］。上古生界主要分布于敦煌以北（北山），以牛圈子-马鬃山混杂岩带为界，南、北略有不同。泥盆系：南部（红柳园、罗雅楚山地区）黑尖山碎屑岩（Sh^{ss}）为海相，三个井组（$D_{1-2}s$）为滨海-河湖相杂色粗碎屑岩，墩墩山群（D_3D）为陆相中基性火山岩且不整合在三个井组之上；北部（马鬃山地区）由滨-浅海碎屑岩-碳酸盐岩组成［雀儿山群（DQ）］。石炭系主要由海相陆源碎屑岩、火山碎屑岩、火山熔岩不等厚相间组成，南部盆地地层序列发育较全，以红柳园组（C_1hl）、石板井组（C_2sb）、胜利泉组（C_2sl）为代表，早期碎屑岩成熟度低，火山岩为中酸性，部分中基性，晚期夹有碳酸盐岩［芨芨台子组（C_2jj）］；北部盆地下石炭统为中酸性火山岩、杂砂岩［白山组（C_1bs）、绿条山组（C_1l）］，缺失上石炭统记录。在红柳沟-拉配泉地区仅残留有少量上石炭统—下二叠统浅海相碎屑岩、碳酸盐岩［因格布拉克（C_2P_1yg）］。下二叠统主要由海相-海陆相碎屑岩、火山岩组成。红柳河—笔架山一带为碎屑岩-火山岩夹硅质岩组合［红柳河群（$P_{1-2}H$）］，罗雅楚山一带为滨-浅海相碎屑岩-碳酸盐岩组合［红岩井组（Phy）］；红柳园一带为碎屑岩-碳酸盐岩-火山岩组合［双堡塘组（$P_{1-2}s$）-金塔组（P_2jt）］。上二叠统为海陆相碎屑岩-火山岩组合［方山口组（P_3f）］，火山岩以中酸性为主，向东为陆相碎屑岩、泥质岩组合［哈尔苏海组（P_3h）］。

锡林浩特区（⑧）下古生界有时代依据的仅有奥陶系和志留系。依据最新资料，划分出寒武系—奥陶系温都尔庙群（ϵOW）玄武岩、大理岩、石英片岩地层。下—中奥陶统为以中基性火山岩为主的火山岩-沉积岩组合［包尔汉图群（$O_{1-2}B$）］。志留系由灰黄绿色、紫红色泥质岩、细碎屑岩夹灰岩组成［西别河组（$S_{2-4}x$）］。上古生界较为发育。泥盆系在白云鄂博以北由紫红色杂砂岩、砂岩夹灰岩组成［查干哈布组（D_1cg）］。区内尚未发现中泥盆统—下石炭统，下石炭统仅西段出露火山岩、火山碎屑岩组合［白山组（C_1bs）］；上石炭统—下二叠统，西段由海相碎屑岩、碳酸盐岩及火山岩［阿木山组（C_2P_1a）］组成，东段以细碎屑岩为主夹中基性和中酸性火山岩［本巴图组（C_2bb）］。下—中二叠统由中基性火山岩夹碎屑岩组成［大石寨组（$P_{1-2}ds$）］，中—上二叠统由碎屑岩、碳酸盐岩组成［哲斯组（$P_{2-3}z$）］，多数缺失晚二叠世晚期沉积，仅在西段南部有陆相中酸性火山岩［方口山组（P_3f）］。

华北区（⑨）下古生界与区域性华北区地层系统相似，仅在边缘地带变化较大，缺失志留系及下寒武统早—中期沉积记录。寒武系—中奥陶统主要由碳酸盐岩夹泥质岩组成，底部含磷碎屑岩，包含辛集组（ϵxj）至马家沟组（$O_{1-2}m$）等 6 个地层单位，形成于陆棚滨-浅海-近海盆地。以鄂尔多斯盆地为中心，马家沟组（$O_{1-2}m$）沉积范围最广，在桌子山、贺兰山碎屑岩、泥质岩较多。中—晚奥陶世大部分地区隆升成陆，仅在鄂尔多斯西南缘地区形成台地边缘-陆缘斜坡浊积岩等不同岩石组合。上古生界缺失泥盆系,下石炭统仅在龙首山出露臭牛沟组(C_1c)碎屑岩、灰岩沉积组合;上石炭统—二叠系为海陆交互相-陆相沉积,为华北区主要成煤、成油、山西式铁矿和铝土矿成矿时期。依地层序列结构,自下而上依次为:铁铝质泥质岩-含煤碎屑岩夹不稳定灰岩组合[本溪组(C_2P_1b)-太原组(C_2P_1t)]→含煤碎屑岩组合[山西组($P_{1-2}s$)-石盒子组($P_{2-3}sh$)]→含石膏紫红色碎屑岩组合[石千峰群(P_3T_1S)]。

祁连区(⑩)下古生界较为发育,仅中祁连零星出露。南、北祁连地区寒武系由基性、中基性火山岩、泥硅质岩、细碎屑岩、碳酸盐岩不同岩类组成。北祁连下部以火山岩、火山碎屑岩为主[下中寒武统未分(ϵ_{1-2})、黑茨沟组($\epsilon_{2-4}h$)],上部为正常沉积岩[香毛山组($\epsilon_{3-4}xm$)];南祁连由火山岩与正常沉积岩不等厚相间组成[深沟组($\epsilon_{1-3}s$)和六道沟组($\epsilon_{3-4}l$)]。祁连走廊地区由成熟度低杂色陆源碎屑岩、泥质岩不等厚互层组成[大黄山组(ϵd)]。奥陶系组成比寒武系复杂,北祁连地区由火山岩夹硅质大理岩[阴沟群($O_{1-2}Y$)]→泥质岩、碎屑岩夹钙碱性火山岩[中堡群($O_{2-3}Z$)、大梁组($O_{2-3}d$)]→碳酸盐岩[妖魔山组(O_3y)、南石门子组(O_3n)]→火山岩夹硅质岩[扣门子组(O_3k)]序列组成。祁连走廊地区由酸性火山岩[车轮沟群($O_{1-2}C$)]→碎屑岩、凝灰岩、灰岩[中堡群($O_{2-3}Z$)]→杂色泥质岩、碎屑岩夹含砾板岩、灰岩[南石门子组-天祝组-斯家沟组-斜壕组(O_3)]序列组成,在区域上向东为斜坡滑塌沉积[香山群(ϵ_3OX)]。南祁连拉脊山由陆源碎屑岩[花抱山组(O_1h)-中酸、中基性火山岩夹碎屑岩[阿夷山组(O_1a)和茶铺组(O_2c)]-火山碎屑岩、陆源碎屑岩夹火山岩[药水泉组(O_3ys)]组成。南祁连中西段由基性和酸性火山岩[吾力沟组($O_{1-2}w$)-碎屑岩为主[盐池湾组($O_{2-3}y$)-中基性火山岩为主[多索曲组(O_3S_1d)]序列组成,中祁连兰州一带雾宿山群($O_{2-3}W$)与此组合相似。在祁连东段静宁-清水地区为由绿片岩相变质基性、中酸性火山岩、碎屑岩等组成的地层[葫芦河群(ZOH)、红土堡岩组($O_3h.$)、陈家河组(O_3c)等]。志留系分布于南、北祁连,中祁连缺失,主要由陆源泥质岩组成,夹少数火山岩、凝灰岩。北祁连及走廊地区发育肮脏沟组(S_1a)-泉脑沟组(S_2q)-旱峡组($S_{3-4}h$)。南祁连地区称巴龙贡噶尔组(Sb)。上古生界大致以中祁连为界,北部发育较全,下泥盆统普遍缺失,中—上泥盆统由杂色砾岩、砂岩、泥岩夹薄层火山岩[老君山组($D_{2-3}l$)或石峡沟组(D_2sx)],山麓河湖相沉积[沙流水组(D_3s)]和海陆过渡相碎屑岩[中宁组(D_3z)]组成。石炭系北部(北祁连和走廊地区)由陆源碎屑岩夹碳酸盐岩[前黑山组(C_1q)-臭牛沟组(C_1c)-含煤碎屑岩[羊虎沟组(C_2y)]序列组成。中、南祁连地层区西北缘早期由潟湖相含膏泥碎屑岩、白云岩、灰岩组成[党河南山组(C_1dh)],底部为海陆过渡相砂岩、砾岩、灰岩[阿木尼克组(D_3C_1a)],上部为海陆相含煤碎屑岩[羊虎沟组(C_2y)]。二叠系北部为内陆盆地陆相沉积,由杂色泥质岩、碎屑岩不等厚相间组成;南部(中、南祁连地区)以海相-海陆过渡相沉积为主[巴音河群(PB)],由杂色泥碎屑岩夹互灰岩组成。

北秦岭区(⑪)下古生界为草滩沟群(OC)、二郎坪群(Pz_1E)(原云架山群、斜峪关群),由低绿片岩相变质海相火山岩-泥质岩,碎屑岩-碳酸盐岩组合组成。上古生界多数沿断裂带零星分布,属内陆-山间盆地海-陆相沉积,在户县涝峪一带由砾岩、砂岩夹大理岩组成粉笔沟组(Pz_2f);在凤县为含煤碎屑岩[草凉驿组(C_2c)];在周至黑河及商州市为砂岩、板岩组成[石盒子组($P_{1-2}sh$)]。

中南秦岭区(⑫)下古生界分布较广,下寒武统沉积早期普遍由黑色硅质岩、碳质板岩、碳酸盐岩组成[鲁家坪组($Z\epsilon l$)、水沟口组($\epsilon_{1-3}s$)]。中寒武统—奥陶系由3种序列组成,碳酸盐岩(ϵ)-泥碎屑岩(O)序列组合,分布于北大巴山地区,包含箭竹坝组($\epsilon_{2-4}j$)至权口组(Oq)等6个地层单位。碳硅质岩(ϵ)-泥碎屑岩夹灰岩、火山岩序列组合,东段夹灰岩较多,火山岩为基性和中酸性[箭竹坝组($\epsilon_{2-4}j$)-洞河组(Od)];西段碳、硅质岩较发育,火山岩以中酸性为主[太阳顶组(ϵOt)、大堡组(O_3db)]。镁质碳酸盐岩(ϵO_2)-泥质岩(O_{2-3})序列组合,分布于南秦岭东段武当元古宙隆起周边[岳家坪组($\epsilon_{1-3}y$)-两岔口组(Ol)等4个地层单位。志留系总体由泥质岩、碎屑岩组成,夹碳硅质岩、碳酸盐岩及火山岩。东段[斑鸠关组(O_3S_1b)-水洞沟组($S_{3-4}s$)]以泥质碎屑岩为主,夹少数碱性火山岩、碳硅质岩及灰岩。西段

[白龙江群(SB)]碳硅质岩夹层较多,仅有少数凝灰岩。北大巴山地区陡山沟组($S_{1-2}d$)-五峡河组($S_{1-2}w$)笔石化石带发育较全,东段水洞沟组($S_{3-4}s$)为灰绿色、紫红色碎屑岩。上古生界除北大巴地区缺失沉积记录外,广泛分布于中秦岭和南秦岭地区,主要由海相泥质岩、碎屑岩和碳酸盐岩组成,各纪地层间无明显沉积间断。上古生界,在中秦岭礼县-山阳沉积区,东段指刘岭群[含牛耳川组(D_2n)至桐峪寺组(D_3ty)],西段以舒家坝群($D_{2-3}S$)/大草滩组(D_3C_1dc)为代表,其南侧在吴家山陆岛周边为碎屑岩夹较多灰岩[西汉水群(DX)]。南秦岭东段旬阳沉积区,以公馆一带为代表划分为7个岩石地层单位,构成一个连续序列组合,自下而上为复成分砾岩砂岩[西岔河组(D_1x)]→白云岩为主[公馆组(D_1g)]→粒屑灰岩、生物灰岩[石家沟组(D_2s)]→砂板岩与泥灰岩不等厚相间[大枫沟组($D_{2-3}d$)-古道岭组($D_{2-3}g$)-星红铺组(D_3x)]→泥砂质灰岩为主[铁山组(D_3C_1t)],向北于镇安九里坪一带,具鲍马序列特征的复理石沉积[九里坪组(D_3C_1j)]。南秦岭西段迭部-武都沉积区,地层以迭部-舟曲一带所厘定5个岩石地层单位为代表,其序列组合自下而上为灰绿色、灰紫色碎屑岩夹灰岩[普通沟组(D_1p)]→白云岩夹灰岩[尕拉组(D_1gl)]→砂岩、页岩夹灰岩[当多组($D_{1-2}d$)]→灰岩夹砂、页岩[下吾拉组($D_{2-3}x$)]→灰岩、白云岩[益哇沟组(D_3C_1yw)]。石炭系——二叠系可划分为3个沉积区:中秦岭礼县-山阳沉积区,东段无石炭纪沉积记录,西段分布于合作—礼县一带由6个地层单位组成,自下而上为杂色砂岩、页岩夹砾屑灰岩及少数安山岩、英安岩[巴都组(C_1bd)]→灰岩夹泥质岩、碎屑岩[下加岭组(C_2x)]→砂岩、粉砂岩、砾岩互变夹薄煤层[东扎口组(C_2dz)]→生物灰岩为主[大关山组(C_2P_2dg)]→碎屑岩与生物灰岩夹互层[石关组(P_3sg)],向南二叠系由含碳酸盐岩砾石复成分细碎屑岩组成[十里墩组(Psl)]。南秦岭西段迭部-武都沉积区,主要由碳酸盐岩夹泥质岩、碎屑岩组成[岷河组(Cm)、大关山组(C_2P_2dg)和迭山组(P_2T_1d)](陈奋宁等,2007)。南秦岭东段旬阳沉积区,石炭系——二叠系出露较全,主要由碳酸盐岩和泥质岩、碎屑岩组成[袁家沟组、四峡口组、羊山组、水峡口组、西口组、门里沟组、龙洞川组(C-P)]。

柴北缘区(⑬)下古生界有稳定和活动两种沉积组合:稳定类型沉积,分布于全吉山—欧龙布鲁克一带,由白云岩、碳质板岩、杂砾岩、砂岩[红铁钩组($Z_2\in_1ht$)-皱节山组($\in_1z$)]→灰岩、白云岩、底含磷砂砾岩[欧龙布鲁克组($\in_{2-4}o$)]→内碎屑灰岩夹互笔石页岩、砂岩[多泉山组(O_1d)-大头羊沟组(O_2dt)]序列组成;活动类型沉积,分布于欧龙布鲁克地块周缘及外侧赛什腾山—都兰一带,由变质火山岩、火山碎屑岩及泥质岩、碎屑岩、碳酸盐岩[滩间山群($\in OT$)]和复成分砾岩、变质碎屑岩夹火山岩组成[赛什腾组(Ss)]。泥盆系发育不全,分布零星,由陆相杂色砾岩、砂岩-基性、中酸性火山组成[牦牛山组(D_3m)],在大柴旦一带为浅变质地层鱼卡组(Dy);在全吉山以南与下石炭统海相地层[阿木尼克组(D_3C_1a)]连续沉积。北部宗务隆山—兴海地区石炭系、二叠系不易具体划分,由低级变质泥质岩、碎屑岩、碳酸盐岩和火山岩组成,纵、横向不同岩石交替变化,多数呈岩片产出,其中,西段称中吾农山群[果可山组(CP_2g)/土尔根大坂组(CP_2t)和甘家组(CP_2gj)];东段称大关山组(C_2P_2dg)。南部赛什腾山—都兰地区,缺失二叠纪沉积记录,石炭系由砾岩、砂岩[阿木尼克组(D_3C_1a)]→砂岩、生物灰岩、内碎屑灰岩[城墙沟组(C_1cq)-怀头他拉组(C_1h)]→含煤砂页岩夹灰岩[克鲁克组(C_2k)]序列组成。

东昆仑区(⑭)下古生界组成和结构复杂,划分精度偏低,总体为一套火山沉积岩系。东昆北为祁曼塔格群(OQ),东昆南为纳赤台群(ON)和赛什腾组($S_{3-4}s$)。上古生界大致以东昆中为界,东昆北缺失下中泥盆统,东段为陆相碎屑岩-火山岩(牦牛山组D_3m),西段为黑山沟组(D_3h)-哈尔扎组(D_3he)。东昆南泥盆系较为完整,分布于中—西段,以中泥盆统为主。早期由灰岩夹页岩组成[卡拉楚卡组(D_1k)],中期主要由砂岩、碳酸盐岩和中酸性火山岩组成[布拉克巴什组(D_2b)],晚期由灰岩、硅质岩、砂岩组成(D_3)。石炭系,东昆北由陆源碎屑岩和碳酸盐岩组成,自下而上为石拐子组(C_1s)、大干沟组(C_1dg)和缔敖苏组(C_2d)-打柴沟组(C_2P_1dc)。东昆南石炭系由泥质岩、碎屑岩和火山岩、碳酸盐岩组成,东段划分为哈拉郭勒组(C_1hl)和浩特洛哇组(C_2P_1h),西段由碎屑岩和泥质岩、放射虫硅质岩夹火山岩组成[托库孜达坂组(C_1t)和哈拉米兰河群($C_{1-2}H$)]。二叠系仅分布于东昆仑南部,由低绿片岩相碳酸盐岩组合[喀尔瓦组($P_{1-2}ke$)、树维门科组($P_{1-2}s$)、碎屑岩为主夹火山岩和碳酸盐岩[鲸鱼湖组(P_2jy)、马尔争组(P_2m)和格曲组(P_3T_1g)]组成。

巴颜喀拉山区(⑮)未见下古生界,上古生界仅出露二叠系,西段由陆源泥质岩、碎屑岩夹碳酸盐岩及少数火山岩组成[黄羊岭群(PH)],东段中—东部碳酸盐岩较发育,中部出现硅质岩薄层或条带[树维门科组、马尔争组(P_{1-2})]。

摩天岭区(⑯)下古生界主要分布于后龙门山地区,但地层发育不全。下寒武统由泥质岩、碎屑岩、碳酸盐岩组成,属汉南地层区沉积盆地北缘范围。奥陶系—志留系由浅变质的碳质、泥质碎屑岩[陈家坝组(Oc)]-碳酸盐岩[宝塔组(Ob)]-云母片岩、千枚岩夹少数碳酸盐岩[茂县群(SM)]组成。上古生界总体与南秦岭中西段相近似,东段略阳一带由复成分砾岩、碳酸盐岩质砾岩[踏坡组($D_{1-2}t$)]和石英砂岩、灰岩[略阳组(D_2C_1l)]组成。

汉南区(⑰)下古生界为连续沉积,与区域上扬子区地层组成相似。寒武系镇巴以东发育完整,划分为8个岩石地层单位,以西缺失中—上寒武统。早期由碳硅质岩、砂岩、页岩夹灰岩组成[牛蹄塘组(ϵ_1n)、石牌组(ϵ_2s)],底部碳硅质岩含磷局部含钴、锰,中晚期由白云岩、灰岩夹页岩、砂岩[清虚洞组(ϵ_2q)-娄山关组(ϵ_3O_1l)]组成,上部含石盐假晶。奥陶系—志留系由砂岩、页岩夹含锰灰岩[大湾组($O_{1-2}d$)]→瘤状、网纹状灰岩、生物灰岩[宝塔组($O_{2-3}b$)]→杂色砂岩、页岩夹灰岩[龙马溪组(O_3S_1l)-罗惹坪组(S_1lr)]序列组成。宁强-碑坝奥陶纪早—中期为海湾潮坪、潟湖环境[赵家坝组(O_1z)、西梁寺组($O_{1-2}x$)]。汉中地区普遍缺失泥盆系—石炭系,高川地区以发育上泥盆统—二叠系为特点。上泥盆统由石英砂岩、砾岩[铁矿梁组(D_3t)]-灰岩夹板岩含赤铁矿[蟠龙山组(D_3p)]组成。石炭系由含碳板岩、灰岩不等厚互层[茶叶坡组(C_1cy)]→生物灰岩、白云岩夹砂岩[展坡组-马平组(CP_1z-m)]序列组成。二叠系覆盖全区,由铁质页岩夹劣质煤层,底为铝土质页岩[梁山组(P_2l)]→灰岩夹页岩、硅质岩[阳新组(P_2y)-吴家坪组(P_3w)]→碳硅质板岩夹泥灰岩[大隆组(P_3d)]序列组成,高川地区继承石炭纪盆地沉积,由黑色泥岩、碳质泥岩、砂岩夹薄层硅质岩及泥灰岩[郭家垭组(Pg)]组成。

西昆仑区(⑱)下古生界呈构造岩片产出,多属跨纪地层单元,由变质火山岩-碎屑岩夹碳酸盐岩组成[库拉甫河群(ϵOK)、上其汗岩组($Pz_1s.$)]。普遍缺失泥盆系记录,仅在西昆仑北东段出露布拉克巴什组(D_2b)杂色石英砂岩、粉砂岩、板岩夹砂砾岩、大理岩、火山岩,奇自拉夫组D_3q海陆相碎屑岩。石炭系—二叠系大致以西昆中为界,西昆仑北以陆内活动类型碎屑岩-火山岩夹碳酸盐岩组合为主,西段以依萨克群(C_1Y)/他龙群(C_1T)-库尔良群(C_2K)-特给乃奇克达坂组(C_2P_1tg)为代表;东段由碳酸盐岩、泥岩组成[皮什盖萨依岩组($Cp.$),托库孜达坂组(C_1t)中夹中酸性火山岩;下—中二叠统由海相火山岩组成[阿羌组($P_{1-2}a.$)],上二叠统由砾岩、板岩夹灰岩组成[苏克塔亚组(P_3s)]。西昆仑中部西段由过渡类型碎屑岩-碳酸盐岩组成[提热艾力组(C_2t)],东段由碎屑岩夹火山岩、灰岩、泥岩组成的托库孜达坂组(C_1t)/哈拉米兰河群($C_{1-2}H$),缺失二叠系记录。西昆仑南以活动陆缘碎屑岩-火山岩组合为特征,以塔斯坎萨依组(C_1ts)-龙门沟组($C_{1-2}l$)为代表;二叠系有3种岩石组合:碎屑岩-碳酸盐岩组合[再依勒克群($P_{1-2}Zy$)]、碎屑岩为主组合[卡拉孔木组(P_2k)、硫磺达坂砂岩(Pl^{ss})]、火山岩组合[卡拉勒塔什组(P_2k)]。

塔什库尔干-甜水海区(⑲)古生界由碳酸盐岩夹碎屑岩组成,局部岩石变形变质较强,达低绿片岩相变质。下古生界依次出露甜水湖组(ϵt)-冬瓜山群($O_{2-3}D$)-温泉沟群(S_1W)、达坂沟群($S_{2-3}D$)。上古生界缺少下泥盆统,中上泥盆统由碳酸盐岩夹少量细碎屑岩组成[落石沟组(D_2l)、天神达坂组(D_3t)]。石炭系—二叠系出露连续,缺失上二叠统,下石炭统—中二叠统由碳酸盐岩夹少量碎屑岩组成[帕斯群(C_1P)、恰提尔群(C_2P_1Q)、红山湖组($P_{1-2}h$)]。

喀喇昆仑-神仙湾区(⑳)缺少下古生界,上古生界仅出露二叠系。西段出露砾岩、砂岩、砂质板岩、碳酸盐岩夹玄武岩组合[神仙湾群($P_{1-2}Sx$)、温泉山组(P_3w)],东段主体为碳酸盐岩沉积,夹少量碎屑岩,由下到上依次为克勒青土布拉克组(P_1k)、加温达板组(P_2jw)、阿格勒达坂组(P_3a)。

乌丽-囊谦区(㉑)下古生界仅见青泥洞组(O_1q)板岩-千枚岩级变质的碎屑岩建造。上古生界主体由石炭系—中二叠统组成,上二叠统及泥盆系分布甚少。总体由以活动类型为主的海相碎屑岩-碳酸盐岩夹火山岩组成。泥盆系仅见中—上泥盆统,西金乌兰湖一带,称拉竹笼组($D_{2-3}l$),由石英砂岩、长石石英砂岩夹碳质板岩、凝灰岩及硅质岩组成;东段玉树县南巴曲南岸,称桑知阿考组($D_{2-3}s$)、泅钦组($D_{2-3}x$),由石英砂岩、泥(钙)质板岩夹灰岩组成。石炭系—中二叠统为该区上古生界的主体,由西金乌兰群(CP_2X)、杂多群(C_1Z)和开心岭群(C_2P_2K)3个地层单元组成。开心岭群自下而上划分为下碳酸盐岩段[扎日根组(C_2P_1z)]、碎屑岩-碳酸盐岩-火山岩段[诺日巴尕日保组(P_2n)/尕迪考组(P_2g)]和上碳酸盐岩段[九十道班组(P_2j)]。上二叠统乌丽群(P_3Wl)仅见于中段通天河上游乌丽-达哈贡玛及西恰日升山南坡和东段杂多县北部当曲。

羌塘区(㉒)在南羌塘下古生界未细分,主要岩石组合为千枚岩、石英片岩和大理岩。泥盆系仅在祖尔肯乌拉山出露下泥盆统碎屑岩-碳酸盐岩组合[雅西尔组(D_1y)]。石炭系—二叠系在北羌塘祖尔乌拉山-当曲杜日由陆源碎屑岩-硅质岩-碳酸盐岩夹少量火山岩组成[开心岭群(C_2P_2K)、乌丽群(P_3Wl)](陈奋宁等,2016);吉多-吉曲地区由杂多群(C_1Z)、加麦弄群(C_2P_1J)、尕迪考组(P_2g)和九十道班组(P_2j)组成。青海省东南角仅出露下石炭统碎屑岩夹玄武岩组合[卡贡群(C_1K)]。

3. 中新生代地层特征

中—新生界,从老到新由海相向陆相转化,海相地层自北向南迁移,以陆相为主,其次为海相。陆相地层主要形成于大、中型内陆盆地和中、小型山间(断陷、走滑)盆地,前者有塔里木、鄂尔多斯、柴达木、准噶尔、吐哈等盆地,后者有河西走廊、兰州、西宁及额济纳旗等盆地。主要沉积组合为含煤泥碎屑岩、含油盐泥碎屑岩、杂色碎屑岩及火山岩-碎屑岩4种基本组合。

三叠系,大致以昆仑-北秦岭为界,其北以陆相地层为主;但在柴北缘、中-南祁连西段及南部仍有海相、海陆相地层。前者为二叠纪继承性海盆,柴北缘宗务隆山-贵南地区下—中三叠统古浪提组($T_{1-2}g$)/隆务河组($T_{1-2}l$)为深海—半深海相细碎屑岩。后者为海泛滨海-海湾相沉积,中-南祁连西段及南部地区下—中三叠统郡子河群($T_{1-2}J$)为浅海相灰岩夹砂岩,上三叠统默勒群(T_3M)为海陆过渡相碎屑岩。以南为海相地层,主要由泥质岩-碎屑岩-碳酸盐岩和火山岩-碎屑岩两种岩石组合组成,形成于浅海和深海环境,属活动和过渡类型沉积。

侏罗系,巴颜喀拉山及其以北为陆相地层,以南为海相地层。海相地层主要由碎屑岩-泥质岩组成,夹碳酸盐岩及部分蒸发岩,早期部分地段有中基性火山岩,喀喇昆仑山甜水海-神仙湾地区中侏罗统龙山组($J_{1-2}l$)为浅海相碳酸盐岩夹碎屑岩,底部复成分砾岩中夹安山岩、玄武岩,形成于滨浅海(包含潮坪、潟湖和三角洲)环境,向南海水逐渐加深,至乌丽-囊谦区的青藏线以东-青川边界地区下侏罗统那底冈日组(J_1n)以中基性火山岩及火山碎屑岩为主,夹少量碎屑岩,属内陆坳陷盆地,是西北区最后一次较大海侵的沉积记录。

白垩系—新近系以陆相地层为主,仅在西南部(南天山东阿赖、塔西南、甜水海、神仙湾)还有滨浅海和台地相沉积,如塔里木南部铁克里克地区古近系喀什群(EK)、卡拉塔尔组(E_2k)和齐姆根组($E_{1-2}q$),由碎屑岩-泥质岩-碳酸盐岩及膏盐组成。新生界除广大地区为陆相外,还有两大特点:其一,古近系—中新统在塔西南还残留有海湾-深湖和三角洲-湖沼相沉积;其二,阿尔泰、昆仑及以南有规模不等的陆相火山地层。

阿尔泰区(①)中生界仅有零星的侏罗系沿断裂分布,新生界属准噶尔盆地北部边缘沉积,与准噶尔盆地一致。

准噶尔区(②)中生界与北天山构成同一沉积区,准噶尔盆地周边为剥蚀区,山前为山麓-河流相沉积,盆内为河流-湖泊沉积。侏罗系由沼泽相含煤泥碎屑岩组成。新生界主要形成于河流-湖泊环境。新近纪,准噶尔盆地进一步扩大。

北天山区(③)中生界以准噶尔、吐哈大中型内陆盆地沉积为代表,属欧亚大陆的组成部分。以湖河相沉积为主,三叠系—侏罗系由含煤泥质岩、碎屑岩组成[小泉沟群($T_{2-3}X$)-水西沟群($J_{1-2}S$)-艾维尔沟群($J_{2-3}A$)]。白垩系由红色碎屑岩组成[吐谷鲁群(K_{1-2})],局部含膏盐。上白垩统普遍缺失。新生界分布与中生界基本一致,但总体有向西迁移的趋势,由河湖相含石膏砂、砾岩组成。

中天山区(④)中—新生界与北天山区相同,但发育不全,缺失下三叠统、白垩系及古近系沉积记录,侏罗系为山间盆地含煤河湖相沉积[水西沟群($J_{1-2}S$)],新近系为河湖-山麓相碎屑岩[安集海河组($E_{2-3}a$)、昌吉河群(E_3NC)],主要分布于伊宁盆地。

南天山区(⑤)中—新生界已属塔里木盆地的组成部分,地层序列完整,大致可划分为两个沉积区:库车-拜城沉积区,三叠系—侏罗系为河流-湖泊相碎屑岩[俄霍布拉克群-小泉沟群(T)]-含煤碎屑岩[克拉苏群至喀拉扎组(J)]序列组合,白垩系—新近系由山麓-河湖相碎屑岩-蒸发岩和古近系海陆相含石膏泥质岩、碎屑岩夹泥灰岩组成[库姆格列木群($E_{1-2}K$)]。西南天山-东阿赖沉积区,侏罗系为含煤碎屑岩[叶尔羌群($J_{1-2}K$)-库孜贡苏组(J_3k)],白垩系—古近系为滨海-海湾相泥质岩-碳酸盐岩-蒸发岩组合[克孜勒苏群(K_1K)、英吉莎群(K_2Y)、喀什群(EK)]。

塔里木区(⑥)未见三叠系沉积出露,侏罗系零星分布,为山间湖盆沉积,形成河湖相碎屑岩和含煤碎屑岩组合[叶尔羌群($J_{1-2}K$)和库孜贡苏组(J_3k)]。白垩纪—古近纪时期在西南端与南天山构成海湾,形成滨海相泥质岩-碳酸盐岩-蒸发岩序列组合[克孜勒苏群(K_1K)-喀什群(EK)]。新近纪时期海水退出,由河湖相碎屑岩组成[乌恰群(E_3N_1W)和阿图什组(N_2a)]。

阿尔金-北山区(⑦)中生界为山间盆地沉积。三叠系由山麓相紫红色砂砾岩-河流沼泽相杂砂岩、粉砂岩组成[二段井组($T_{1-2}e$)-珊瑚井组(T_3s)]。侏罗系由河湖相含煤碎屑岩组成,西段安南地区为叶儿羌群($J_{1-2}Y$),东段北山地区为芨芨沟组($J_{1-2}j$)、水西沟群($J_{1-2}S$)-沙枣河组(J_2)。白垩系由山麓-河湖相碎屑岩、含煤碎屑岩、蒸发岩组成,含热河动物群,巴丹吉林-潮水盆地含油页岩[巴音戈壁组(K_1by)]和河湖相碎屑岩[乌兰苏海组(K_2w)、金刚泉组(K_2j)]。北山地区为湖相碎屑岩[赤金堡组(K_1c)、新民堡组(K_1x)],新生界包含山麓、河流、湖泊等不同环境沉积,普遍含膏盐,以新近系分布较广,红柳园-罗雅楚山地区为疏勒河组(Ns)、桃树园组(E_3N_1t)、葡萄沟组(N_2p)和苦泉组(N_2kq),马鬃山地区为寺口子组(E_2s),阿南和阿中地区为巴什布拉克组(E_3b)、干柴沟组(E_3N_1g)和油砂山组(N_2y)。

锡林浩特区(⑧)中生界发育不全,缺失三叠系沉积记录。侏罗系零星分布,为含煤泥质岩、碎屑岩组合[红旗组(J_1h)和龙凤山组(J_2l)]。白垩系最为发育,以河湖、湖沼相为主。下白垩统有两种沉积组合:以杂色碎屑岩、泥质岩组合为特征,局部含油页岩[巴音戈壁组(K_1by)]、煤和石膏[固阳组(K_1g)];陆相中基性火山岩-碎屑岩组合[苏红图组(K_1sh)]。上白垩统分布面积最大,由杂色含膏盐碎屑岩组成[乌兰苏海组(K_2w)、二连组(K_2e)]。古近系—新近系主要分布于东段,由杂色泥质岩、碎屑岩组成[脑木根组-沙拉木伦组($E_{1-2}n-s$)、乌兰戈楚组-呼尔井组($E_3wl.h$)],古近系不同程度含石膏、天青石,新近系宝格达乌拉组(N_2bg)以粗碎屑岩为主,在图区外围见玄武安山岩、安山岩。

华北区(⑨)侏罗系为陆相沉积,为华北区主要成煤、成油时期。依地层序列结构,自下而上依次为:含煤、含油碎屑岩组合[二马营组(T_2e)-延长组($T_{2-3}y$)-瓦窑堡组(T_3w)]→含油碎屑岩组合[富县组(J_1f)]→含煤、含油碎屑岩组合[延安组(J_2y)-直罗组(J_2z)-安定组(J_2a)]→紫红色碎屑岩组合[芬芳河组(J_3ff)]。鄂尔多斯西南缘为河湖相或山间盆地碎屑岩局部夹玄武岩[白芨芨沟群(T_3B)、腔峒山组($T_{2-3}k$)]。北部阿拉善—大青山地区缺少三叠系，侏罗纪为含煤碎屑岩[石拐群($J_{1-2}S$)]。白垩系仅有早期沉积记录，与侏罗系不整合接触，主要分布于西部，由山麓-河流相杂色碎屑岩组成[保安群(K_1B)，或称六盘山群]，西缘六盘山群局部出现石膏和油页岩。在阿拉善—大青山地区下白垩统顶底出现玄武岩及流纹岩[金家窑子组(K_1jj)至白女羊盘组(K_1bn)]。古近系—新近系以固原群(E_{2-3})和甘肃群(NG)为代表，属山间盆地沉积，局部含石膏层。

祁连区(⑩)三叠系为连续沉积，南祁连地区由海陆过渡相碎屑岩、碳酸盐岩组成[郡子河群($T_{1-2}J$)]，上三叠统海陆相含煤碎屑岩[默勒群(T_3M)]，河西走廊地区由陆相碎屑岩组成[五佛寺组($T_{1-2}w$)]，三叠系晚期夹煤线，局部夹油页岩[西大沟组、南营儿组($T_3x·n$)]。侏罗系—白垩系以山间湖盆沉积为主，除河西走廊外，多数为小型山间盆地。下侏罗统由灰绿色、灰白色碎屑岩夹煤线或不稳定煤层组成[大西沟组(J_1d)或炭洞沟组(J_1td)]，河西走廊夹数层玄武岩[芨芨沟组(J_1j)]，包含山麓洪积、扇前沼泽和河湖相沉积。中侏罗统早期以含煤碎屑岩为主，局部夹泥灰岩、油页岩、石膏[窑街组($J_{1-2}y$)]，晚期以不含煤杂色碎屑岩为特征[龙凤山组、新河组($J_{2-3}l·xh$)]，为河湖、湖沼相沉积。上侏罗统由紫红色碎屑岩组成[享堂组(J_3x)]，局部夹泥灰岩，形成于干旱炎热山麓河湖相。下白垩统由山麓、河湖相杂色砾岩、砂砾岩、页岩、泥岩夹石膏，局部夹含油砂页岩等组成[河口群(K_1H、新民堡群(K_1)、六盘山群(K_1L)]。上白垩统仅在西宁盆地[民和组(K_2m)]和河西走廊盆地[马莲沟组(K_2ml)]零星分布。区内普遍缺失古新统沉积，始新统—渐新统下部为紫红色砂砾岩，上部紫红色砂岩、泥岩夹石膏层，卫宁盆地称固原群(E_{2-3})，河西走廊盆地称火烧沟组(E_2h)-白杨河组(E_3b)，兰州、西宁盆地分别称西柳沟组(E_2x)-野孤城组(E_3y)和西宁群(EX)。新近系由棕黄色、棕红色砂岩、泥岩、砾岩不等厚互层夹泥灰岩组成，西宁-民和盆地称贵德群(NG)，兰州、陇中盆地称甘肃群(NG)，河西走廊称疏勒河组(Ns)。

北秦岭区(⑪)中—新生界分布零星，发育不全，缺失下—中三叠统，上三叠统在中、东段称五里川组(T_3wl)，在西段称南营儿组(T_3n)，由陆相砂岩、泥质板岩、碳质页岩等组成。侏罗系仅在西段商丹蛇绿混杂岩带中有上侏罗统含煤碎屑岩[炭和里组($J_{1-2}th$)]。白垩系分布较三叠系、侏罗系广，由杂色砂岩、砾岩组成，分为东河群(K_1D)及山阳组(K_2E_1s)。新生界主要分布于西段天水一带，与祁连区构成同一内陆盆地。

中南秦岭区(⑫)三叠系主要分布于中—西段，东段仅在镇安西口残留早—中三叠世沉积记录，由杂色碳酸盐岩夹页岩、砂岩组成[金鸡岭组(T_1jj)-岭沟组(T_2lg)]。中—西段三叠纪地层已属特提斯海沉积的组成部分，自南向北为碳酸盐岩-碳酸盐岩夹碎屑岩-复成分泥质岩、碎屑岩夹灰岩[迭山组上部(P_2T_1d)-扎里山组($T_{1-2}z$)/隆务河组($T_{1-2}l$)]，中段(凤县以南留凤关一带)由细碎屑岩、泥质岩和碳酸盐岩砾块组成[留凤关组($T_{1-2}lf$)]。中三叠世晚期本区隆升成陆，晚三叠世在西段形成陆相山间火山盆地，火山岩以中酸性为主[鄂拉山组(T_3e)]。下—中侏罗统有两种沉积组合，杂色含煤泥质、碎屑岩组合[勉县群($J_{1-2}M$)、羊曲组($J_{1-2}yq$)]，在徽成盆地局部夹油页岩，以河流-湖沼相为主；火山岩组合[郎木寺组(T_3J_2lm)]，分布于迭部降扎一带，火山岩以中基性为主，具钾玄岩类特征。下白垩统也有两种沉积组合，杂色泥质岩、碎屑岩组合[东河群(K_1D)/河口群(K_1H)/山阳组(K_2E_1s)]，以徽成盆地为代表，下部为巨厚砾岩，中部为泥岩、粉砂岩夹砾岩，上部偶夹煤线；火山岩组合[多福屯组(K_1df)]分布于西部多福屯盆地，以基性火山岩为主夹紫红色砂砾岩，甘加盆地以中基性火山岩为主。普遍缺失上白垩统。古近系—新近系主要分布于西秦岭徽(县)-成(县)、礼县、临潭甘加、同仁等小型山间盆地，由河湖相杂色砾岩、砂砾岩、砂泥质岩不等厚互层[固原群(EG)、甘肃群(NG)]。

柴北缘区(⑬)三叠系主要分布于宗务隆山-兴海地区，由复成分碎屑岩、含砾碎屑岩、泥质岩夹薄层灰岩、少数火山岩等组成[古浪提组($T_{1-2}g$)/隆务河组($T_{1-2}l$)]。上三叠统由陆相火山岩夹少数砂岩组成[鄂拉山组(T_3e)]。侏罗系零星沿断裂带分布,由陆相杂色含煤碎屑岩、泥质岩组成,在兴海含石膏[羊曲组($J_{1-2}yq$)],在赛什腾山—绿梁山夹油页岩、含菱铁矿[大煤沟组($J_{1-2}dm$)-采石岭组(J_2c)],晚期以泥岩为主夹碎屑岩[红水沟组(J_3h)]。白垩系仅有下白垩统,沿柴达木新生代盆地边缘出露,由砖红色砾岩夹砂岩、泥岩组成[犬牙沟组(K_1q)、万秀组(K_1w)、河口群(K_1H)和多福屯组(K_1df)]。古近系—新近系以柴达木盆地为主体。自下而上由砖红色、灰褐色粗碎屑岩夹泥岩[路乐河组($E_{1-2}l$)]→黄绿色、灰绿色细碎屑岩、泥岩夹泥灰岩、含油砂岩[干柴沟组(E_3N_1g)]→棕红色、棕黄色泥质岩、细碎屑岩夹含油砂岩、泥灰岩,局部含石膏[油砂山组(N_2y)]→灰黄色、灰色粗碎屑岩、泥岩[狮子沟组(N_2s)]序列组成。在兴海一带仅有新近纪小型山间盆地,形成杂色碎屑岩,属山前冲-洪积堆积[贵德群(NG)]。

东昆仑区⑭中生界南、北略有不同。南部地层系统较全,包含海相、海陆相和陆相,北部仅有陆相晚三叠世和早—中侏罗世地层。三叠系,下—中三叠统分布于东昆仑南部中、东段,由海相碎屑岩、碳酸盐岩组成[洪水川组($T_{1-2}h$)、闹仓坚沟组(T_2n)、希里可特组(T_2x)]。上三叠统由海陆-陆相火山岩-碎屑岩组成,北部称鄂拉山组(T_3e),南部称八宝山组(T_3bb)。侏罗系,以下—中侏罗统为主,由陆相含煤碎屑岩组成,东段称羊曲组($J_{1-2}yq$),中段称大煤沟组($J_{1-2}dm$),西段为叶尔羌群($J_{1-2}Y$)。上侏罗统仅在东昆仑南部西段出露,由山麓河-湖相红色碎屑岩组成[采石岭组(J_3c)]。白垩系仅见于东昆仑南部西段,由湖相石英砂岩、粉砂岩、泥岩夹砾岩组成[克孜勒苏群(K_1K)]。东昆仑中部新生界以阿牙克库木盆地为代表,由以褐红色、砖红色为主的砾岩、砂岩、粉砂岩及泥岩组成,划分为石马沟组(E_3s)-石壁梁组(N_1sb)-红石梁组(N_2h)。东昆仑南部新生界由陆内湖盆红色碎屑岩夹石膏层和泥灰岩[沱沱河组($E_{1-2}t$)、雅西措组(E_3y)、阿尔塔格组(E_1a)、路乐河组($E_{1-2}l$)、红石梁组(N_2h)和曲果组(Nq)]和陆相火山盆地组成[查保玛组(E_3N_1c)、雄鹰台组(N_1x)]。

巴颜喀拉山区⑮三叠系出露齐全,西段由长石岩屑砂岩、粉砂岩、绢云板岩等组成[巴颜喀拉山群(TB)、西长沟组(T_1x)]。东段巴颜喀拉山群按沉积环境由下到上划分为4个岩组:下部主体形成于浅海[渡茨沟组(T_1d)],中—上部形成于次深海—深海[扎尕山组(T_2zg)、杂谷脑组($T_{2-3}z$)],顶部以浅海相为主[侏倭组(T_3z)]。侏罗系主要分布于西段北部,由叶尔羌群($J_{1-2}Y$)和库孜贡苏组(J_3k)陆相碎屑岩组成,东段由年宝组(J_1n)陆相火山岩组成小型盆地。白垩系主要分布于西段,以下白垩统双伍山组(K_1s)岩屑(长石)石英砂岩、粉砂岩与粉砂质泥岩为主,另在中段南缘青藏铁路线以西也有零星的风火山群(K)分布。古近系由陆相碎屑岩组成,自下而上划分为沱沱河组($E_{1-2}t$)、雅西措组(E_3y)和五道梁组(E_3w)。西段阿尔塔什组(E_1a)零星沿断裂带呈线状分布,由含砾岩屑砂岩、粉砂岩夹黏土岩及少量石膏层组成。新近系有陆相碎屑岩和陆相火山岩2种类型。东段称曲果组(Nq),沿通天河流域北西向断裂带呈规模不等线状分布,由复成分砾岩、砂砾岩与长石石英砂岩、长石岩屑砂岩不等厚互层组成。中—西段称哨呐湖组(N_1s),由砾岩、砂岩、粉砂岩夹黏土岩及石膏层组成。陆相火山岩地层,自下而上划分查保玛组(E_3N_1c)、石平顶组(N_1sp)、雄鹰台组(N_1x)及湖东梁组(E_2Qhd)。

摩天岭区⑯中—新生界仅有下中侏罗统[勉县群($J_{1-2}M$)],少数沿断裂带分布,其地层组成与南秦岭中、西段相同。

汉南区⑰三叠系与二叠系整合,下—中三叠统主要由生物灰岩、泥灰岩、白云岩等组成[大冶组(T_1d)至关岭组($T_{1-2}g$)]。上三叠统为海陆交互相含煤碎屑岩地层[须家河组(T_3xj)]。侏罗系为陆相紫红色、灰绿色碎屑岩、泥质岩夹煤线[白田坝组(J_1b)至遂宁组(J_3s)]。

西昆仑区⑱三叠系普遍缺失沉积记录,仅在西昆南有少数上三叠统河流相碎屑岩沉积[卧龙岗组(T_3w)]。侏罗系由含煤系碎屑岩组成[叶尔羌群($J_{1-2}Y$)、库孜贡苏组(J_3k)]。白垩系仅见于西昆南,由长石(岩屑)砂岩夹灰(黑)色泥岩及砾岩组成[双伍山组(K_1s)/克孜勒苏群(K_1K)],横向变化较大。新生界零星出露，古新统见于西昆南，由粉砂质泥岩夹紫红色粉砂岩、砂砾岩及石膏层组成[阿尔塔什组(E_1a)]；中新统见于西昆北，由砾岩、砂岩、粉砂岩夹砂质泥岩组成[阿图什组(N_2a)]。

塔什库尔干-甜水海区(⑲)中生界出露不全，中三叠统由粉砂质板岩夹薄层白云质石英砂岩组成[河尾滩群(T_2H)]。下侏罗统由砂质页岩、砂岩、粉砂岩、灰岩、鲕粒灰岩、燧石灰岩组成[巴工布兰莎群(J_1B)]，中侏罗统由底部杂色砾岩，向上以灰岩为主，局部夹火山岩组成[龙山组(J_2l)]。下中白垩统与下伏地层呈角度不整合接触，下白垩统由细碎屑岩组成[克孜勒苏群(K_1K)]，上白垩统由杂色砾岩、砂岩、泥灰岩夹石膏组成[铁隆滩群(K_2T)]。新生界自下向上出露中新统帕卡布拉克组(N_1p)和上新统阿图什组(N_2a)。

喀喇昆仑-神仙湾区(⑳)三叠系—中侏罗统特征同塔什库尔干-甜水海区(⑲)，上侏罗统由碳酸盐岩为主夹少量砂岩组成[红旗拉甫组($J_{2-3}hq$)]。古近系由陆相碎屑岩[五道梁组(E_3w)]组成，中新统为帕卡布拉克组(N_1p)。

乌丽-囊谦区(㉑)中生界分布广，以三叠系为主体，三叠系—侏罗系为海相，白垩系为陆相。北部为结隆群(T_2J)-巴塘群(T_3Bt)；东段中南部为结扎群(T_3J)；西段为苟鲁山克措组(T_3g)，普遍缺少早三叠世以及晚三叠世晚期沉积记录。结扎群(T_3J)不整合于上二叠统之上，自下而上划分为甲丕拉组(T_3j)、波里拉组(T_3b)和巴贡组(T_3bg)，各组间为整合接触。侏罗系，主要分布于杂多县扎曲上游莫云—澜沧江源头一带，下侏罗统为那底冈日组(J_1n)火山岩，中—上侏罗统划分为雁石坪群($J_{2-3}Y$)，自下而上划分为雀莫措组(J_2q)、布曲组(J_2b)、夏里组(J_2x)、索瓦组(J_3)和雪山组(J_3)，各组之间为整合接触。白垩系以紫红色调陆相碎屑岩为特征，称风火山群(KF)，自下而上划分为措居日组(K_1cj)、洛力卡组($K_{1-2}l$)和桑恰山组(K_2s)，各组之间为整合。新生界主要由沱沱河组($E_{1-2}t$)和雅西措组(E_3y)组成，查保玛组(E_3N_1c)、五道梁组(E_3w)和曲果组(Nq)分布甚少。

羌塘区(㉒)三叠系以碎屑岩-火山岩组合为主，北羌塘缺失下—中三叠统，西段上三叠统为若拉岗日群(T_3R)，东段为结扎群(T_3J)；南羌塘缺失下三叠统，中—上三叠统由板岩、安山岩、砂岩组成[竹卡群($T_{2-3}Z$)]。普遍缺失下侏罗统，中—上侏罗统出露广泛，为雁石坪群($J_{2-3}Y$)。白垩系为陆相碎屑岩[风火山群($K_{1-2}F$)]。新生代地层特征同乌丽-囊谦区(㉑)。

第三节　西北侵入岩概述及岩浆时间序列

一、侵入岩的划分与表达

1. 侵入岩类的划分

侵入岩分类标准以国际地球科学联合会火成岩分类学分委会推荐的《火成岩分类及术语辞典》(1991)为根据，按SiO_2含量分为五大类，即酸性岩类[$w(SiO_2)>63\%$]、中性岩类[$w(SiO_2)=63\%\sim52\%$]、基性岩类[铁镁质岩类，$w(SiO_2)=52\%\sim45\%$]、超基性岩类[超铁镁质岩类，$w(SiO_2)<45\%$]。本图中将基性—超基性杂岩中的碳酸岩、钾镁煌斑岩、煌斑岩、云煌岩以及以中酸性为主的伟晶岩等放到特殊岩类表达。

2. 侵入岩的表达

(1)侵入岩采用"岩性+时代"表示，如三叠纪二长花岗岩的代号为$\eta\gamma T$，无时代代号为时代未定。

(2)侵入岩采用时间序列表代替图例,横轴为岩类,纵轴为地质时代,依次填充颜色和代号表示。

(3)时间序列表中只表示到"纪",部分跨纪为"代",显生宙部分划分到"世"。在"纪""代"右下角加"1""2""3"等,分别代表早、中、晚,如:$\eta\gamma T_3$表示晚三叠世二长花岗岩,但仅在图上表示,表中不再区分。ρ表示伟晶岩,$\gamma\rho$表示花岗质伟晶岩。

(4)图上岩石类型代号之后加π、μ和β、m、R分别代表斑岩、玢岩和黑云母、白云母及环斑花岗岩,之前加π、Hb分别代表斑状、角闪石×××岩,但表中不区分。

(5)图上中、酸性岩体中出现同时代两种以上岩石类型代号,属复式或同源岩浆演化岩体。其中,两种岩石类型代号间用"·"分开,如$\gamma\delta \cdot \xi\gamma$;两种以上,其间用"-"分开,如某岩体由$\gamma\delta$、$\eta\gamma$、$\xi\gamma$组成,用$\gamma\delta-\xi\gamma$表示,省略代号$\eta\gamma$。原则上,偏中性岩或面积大者在前,岩性花纹仅表示首位岩石类型。

(6)与蛇绿岩配套的超基性、基性岩,已用蛇绿岩代号($o\varphi$)表示。

(7)图上代号gn代表片麻岩,右上角标代号为片麻岩质,如$gn^{\gamma\delta}$为花岗闪长质片麻岩,标有岩质代号的片麻岩一般认为属变质侵入岩体。若确定时代,时代代号位于gn之前,如$Pt_2 gn^{\gamma\delta}$代表中元古代花岗闪长质片麻岩。

(8)脉岩在时间序列表中不表示,仅在图中的图例区表示。

二、侵入岩时空分布特征

1. 太古宙变质深成岩

太古宙变质深成侵入体主要分布在敦煌陆块和库鲁克塔格陆块,阿中地块、狼山-阴山-大青山地区、祁曼塔格-东昆仑北部和南秦岭也有少量分布。

敦煌陆块太古宙侵入岩呈TTG片麻岩产出,花岗闪长片麻岩的锆石LA-ICP-MS U-Pb年龄为3.06Ga,两阶段锆石Hf模式年龄可追溯至始太古代(3.90~3.70Ga),暗示该区可能存在始太古代地壳物质(陆松年等,2003a;赵燕,2017)。新太古代TTG质片麻岩组合的同位素年龄为2.72~2.63Ga,代表了敦煌陆块早期大陆地壳生长过程(赵燕,2017)。

库鲁克塔格陆块新太古代侵入体主要出露在辛格尔以南,以含蓝石英花岗岩和片麻状花岗岩为特征,呈岩基产出,锆石U-Pb年龄为2810~2487Ma(胡霭琴等,1997,2006),一般认为属TTG花岗岩组合。深沟灰色片麻岩中的太古宙TTG岩浆岩组合和红色钾长花岗质片麻岩、二长花岗质片麻岩组合,锆石U-Pb年龄为(2059 ± 14)Ma(董富荣等,1999)。片麻状花岗岩的2000~1800Ma锆石U-Pb年龄(高振家等,1993;郭召杰等,2003)等是其遭受后期重要构造热事件的记录。

阿中地块新太古代侵入岩主要分布在阿尔金南缘。其中,岈夏拉依档一带盖里克眼球状片麻岩的单颗粒锆石U-Pb年龄为(2679 ± 142)Ma,原岩为英云闪长岩、花岗闪长岩、二长花岗岩组合(崔军文等,1999);亚干布阳片麻岩具有TTG岩套特征,喀拉乔喀片麻岩和盖里克片麻岩属准铝质—过铝质钙性—钙碱性系列,与S型花岗岩相似(李荣社等,2008)。

狼山-阴山-大青山地区新太古代主要为一套TTG组合,包括石英闪长质片麻岩、英云闪长质片麻岩、奥长花岗质片麻岩及花岗闪长质片麻岩等,并出现超基性岩,包括辉石岩、橄榄岩等。固阳村空山麻粒岩单颗粒锆石U-Pb不一致线上交点年龄为2673Ma,$^{207}Pb/^{206}Pb$的表面年龄为(2648.5 ± 4.6)Ma(王惠初等,2001),西红山子乡石英闪长岩单颗粒锆石U-Pb年龄为2676~2575Ma,高镁闪长岩和角闪花岗岩的锆石SHRIMP U-Pb年龄分别为(2556 ± 14)Ma和(2520 ± 9)Ma(简平等,2005);大青山北西乌兰不浪紫苏斜长麻粒岩的锆石U-Pb不一致线上交点年龄为(2511.4 ± 49)Ma(张玉清等,2003),花岗岩锆石SHRIMP U-Pb年龄为(2556 ± 8)Ma(贺元凯等,2010)。

祁曼塔格-东昆仑北部的金水口群中有英云闪长岩-奥长花岗岩产出(邓晋福等,1995),其中变质辉长岩的锆石 U-Pb 年龄为(2468±46)Ma(陆松年等,2002)。

南秦岭的佛坪地区,龙草坪结晶杂岩的锆石 U-Pb 年龄约为 2500Ma,代表了具有 TTG 岩套性质的英云闪长岩-奥长花岗岩-花岗闪长岩石组合(张宗清等,2005;张寿广等,2004)。

陕西勉略地区,在鱼洞子岩群内发现新太古代斜长花岗质—闪长质片麻岩(变质侵入体),锆石 U-Pb 年龄为 2703Ma、2693Ma、2660Ma、2655Ma(本项目;陆松年等,2002;张宗清等,2006)。

2. 元古宙侵入岩

天山造山带,蓟县纪花岗岩出露在伊犁地块南部,有塔勒木朔[单颗粒锆石 Pb-Pb 年龄为(1096±16)Ma][1]、库克乌枕和达根别里山 3 个岩体,以过铝、富镁的低钾—中钾钙碱性系列为主。中天山阿拉塔格一带有中元古代众高山花岗岩序列,锆石 SHRIMP 年龄为(1453±15)Ma,以片麻状花岗闪长岩和二长花岗岩为主,有少量中基性岩。新元古代有伊犁北部温泉地区眼球状片麻状二长花岗岩,锆石 SHRIMP U-Pb 年龄为(919±6)Ma(胡霭琴等,2010);拉尔墩达坂花岗片麻岩和乌瓦门北混合岩化花岗闪长岩同位素年龄为 948~895Ma(陈新跃等,2009;Long et al.,2011),星星峡一带的平顶山眼球状混合花岗岩同位素年龄为 960~849Ma(胡霭琴等,1995;顾连兴等,1990;胡霭琴等,1997);婆罗科努山天窗片麻状花岗岩锆石 U-Pb 年龄为 798Ma(陈义兵等,1999)。新元古代晚期有东南石条闪长岩(SHRIMP 年龄为 644Ma)、小广场花岗闪长岩和石英二长岩、红星戈壁辉绿岩以及黄碱滩东南闪长岩等(1:5 万黄碱滩等 4 幅区域地质调查报告),岩石类型复杂,有辉长岩、苏长岩、单辉苏长岩、闪长岩、石英二长岩、二长花岗岩、花岗闪长岩、二长岩、钾长花岗岩以及碱性花岗岩等。马鬃山一带的梧桐井片麻岩套锆石 U-Pb 年龄为(558±13.7)Ma(1:25 万红宝石幅区域地质调查报告),属过铝质高钾钙碱性系列花岗岩。

在库鲁克塔格陆块中,古元古代侵入体出露总面积愈 700km^2,同位素年龄为 2071~1800Ma(周汝洪,1987;胡霭琴等,1997;董富荣,1998),岩石类型有闪长岩、石英闪长岩、斜长花岗岩、花岗闪长岩、花岗岩等。蓟县纪岩体达 28 个,岩石组合有斜长花岗岩、花岗岩、石英闪长岩、正长岩和二长花岗岩等。新元古代岩体有大墩子北、阔克塔格南、却尔却克北和兴地塔格等 12 个,形成年龄为 957~834Ma,岩石组合为二长花岗岩、花岗岩、黑云母花岗闪长岩和辉石闪长岩,还有钠质碱性辉长岩和镁铁质侵入体。南华纪太阳岛岩体的锆石 SHRMP 年龄为(795±9.5)Ma,由英云闪长岩、奥长花岗岩及正长花岗岩组成(罗新荣等,2007),震旦纪有两岔口南二长花岗岩体,代表塔里木板块在 Rodinia 大陆裂解阶段的岩浆作用产物。

新疆境内北山地区中元古代花岗岩体有 10 个,总面积 48km^2,岩性有闪长岩、英云闪长岩、花岗闪长岩、二长花岗岩和正长花岗岩,以二长花岗岩为主。岩石均具花岗变晶结构,片麻状构造。其中,长杠子南花岗片麻岩的锆石 TIMS U-Pb 年龄为(1435±17)Ma、(1484±23)Ma(姚世齐等,2012)。

敦煌陆块古元古代早期有小型变质侵入体,主要分布在三危山、东水沟-旱峡、红柳峡和榆林河等地,呈变质基性岩和变质酸性岩产出。前者主要为斜长角闪岩,后者既有 TTG 片麻岩,还有高钾花岗岩。锆石 U-Pb 年龄为(2004±27)Ma(赵燕,2017)~(2332±14)Ma(Zhang et al.,2013)和(1950±38)~(1820±16)Ma(赵燕,2017)。三危山地区中元古代变质侵入体的锆石 LA-ICP-MS U-Pb 年龄分别为:石英二长岩 1.77~1.73Ga,火焰山正长花岗岩 1.78~1.75Ga,大红山正长花岗岩 1.73Ga,红柳峡斜长角闪岩(变基性岩)1.61~1.60Ga(赵燕,2017)。

---

[1] 新疆维吾尔自治区地质矿产勘查开发局第四地质调查所,2000.察汗萨拉幅 1:5 万区域地质调查报告[R]。

塔里木西南地区,古元古代岩体出露在南部喀拉曼杂以北地区,岩石组合主要为二长花岗岩和英云闪长岩。中元古代岩体多出露在塔什库祖克山的北段,主要岩石类型有二长花岗岩、花岗闪长岩、英云闪长岩、二长闪长岩和正长岩。新元古代片麻状花岗岩的 SHRIMP 年龄为 $(815±5.7)$ Ma(张传林等,2003)。

阿尔金地区,古元古代花岗片麻岩主要分布在亚干布阳—喀拉乔喀一线,出露面积约 $719km^2$。岩石类型有石英闪长片麻岩、花岗闪长片麻岩、二长花岗片麻岩、碱长花岗片麻岩和正长花岗片麻岩等,既有 TTG 岩套,也有类 S 型花岗岩(李荣社等,2008)。新元古代侵入时代以青白口纪为主,有闪长岩、石英闪长岩、英云闪长岩、花岗闪长岩、奥长花岗岩、二长花岗岩、正长花岗岩和碱长花岗岩等,同位素年龄范围为 938~883Ma(张建新,2011;王超等,2006;王立社等,2016;陈红杰等,2018;曾忠诚等,2020)。

华北陆块北缘的阴山-大青山地区,古元古代岩石组合以 TTG 为主,晚期出现石英正长岩-正长花岗岩类。主要岩性为片麻状石英闪长岩、英云闪长岩、奥长花岗岩、花岗闪长岩、石英正长岩和正长花岗岩类。固阳英云闪长岩锆石 U-Pb 年龄为 $(2440±35)$ Ma(张维杰等,2000),武川红召埃达克质花岗岩锆石 U-Pb 年龄为 $(2435±12)$ Ma(钟长汀等,2006)。中元古代,该地区有基性岩墙群产出。

华北陆块南部,小秦岭地区中元古代(2.0~1.7Ga 和 1.4~1.0Ga)花岗岩主要为二长花岗岩、花岗岩和花岗闪长岩,新元古代(0.8~0.68Ga 和 0.68~0.54Ga)主要发育 A 型花岗岩(卢欣祥,2000),代表华北板块边缘裂谷的岩浆作用。

祁连造山带中,北祁连新元古代片麻状花岗岩有镜铁山岩体(锆石 U-Pb 年龄为 953~971Ma;徐学义等,2008);吊大坂、五间房、响河和五峰村等花岗片麻岩锆石 U-Pb 年龄为 853~751Ma(苏建平等,2004;雍拥等,2008);野牛沟-托勒地区 24 个片麻状花岗岩体的锆石年龄为 842~837Ma(薛宁等,2009),岩石组合为钙碱性系列的石英闪长岩和花岗岩。在中祁连陆块,古元古代(2469Ma)变质侵入体的原岩为花岗闪长岩-钾长花岗岩组合(1∶25 万西宁幅区域地质调查报告);中元古代有马衔山杂岩体,呈片麻状二长花岗岩和正长花岗岩产出,单颗粒锆石 LA-ICP-MS U-Pb 年龄为 $(1192±38)$ Ma(王洪亮等,2007);新元古代有英云闪长岩-花岗闪长岩-二长花岗岩组合,锆石 U-Pb 年龄为 938~917Ma(1∶25 万西宁幅区域地质调查报告)。南祁连地区,南华纪日月亭岩体的锆石 LA-ICP-MS U-Pb 年龄为 $(756.4±2.2)$ Ma(雍拥等,2008)。此外,河西走廊还分布有震旦纪河西堡石英闪长岩和花岗闪长岩岩体。

在柴达木北缘,古元古代德令哈杂岩中有斜长角闪岩-二长花岗片麻岩,单颗粒锆石 TIMS U-Pb 年龄为 2366~2202Ma(陆松年等,2002);莫河片麻岩的原岩为英云闪长岩,年龄为 2470~2348Ma(1∶25 万都兰县幅区域地质调查报告;李晓彦等,2007)。中元古代片麻状花岗岩零星分布,原岩以花岗闪长岩-二长花岗岩为主,其中滩间山北和阿尔托茨山岩体的单颗粒锆石 TIMS 年龄分别为 1176Ma 和 1190Ma(1∶100 万青海省地质图;青海地质调查院,2008)。鹰峰环斑花岗岩的锆石 TIMS 年龄为 $(1776±33)$ Ma(肖庆辉等,2003)。新元古代,岩浆岩分布广泛,岩石类型复杂多样,同位素年龄为 1020~803Ma(李怀坤等,1999;青海省地质调查院,2008)。

祁曼塔格-东昆仑北部地区,新元古代变质侵入体主要分布在格尔木以南,呈条带状、眼球状斜长片麻岩产出,原岩为花岗闪长岩、奥长花岗岩和英云闪长岩等。其中,滩北山岩体和义龙岩体的锆石 U-Pb 年龄分别为 $(831±51)$ Ma 和 $(703±15)$ Ma(李荣社等,2008)。

西昆仑的长城纪—蓟县纪岩体,呈巨型岩基出露于塔什库祖克山以西的马尔洋到塔萨拉一带,主要岩石组合为二长花岗岩和花岗闪长岩。东昆仑-祁曼塔格北部金水口群中,堇青石花岗岩单颗粒锆石 U-Pb 年龄为 $(1955±6)$ Ma(陆松年等,2002)。

秦岭造山带中,长城纪—蓟县纪岩体有胡店和太白岩基,锆石年龄为 1770~1741Ma,岩石类型主要为片麻状二长花岗岩(王洪亮等,2006,2007)。勉略宁三角地带和碧口一带的中元古代岩体,岩石组合为二长花岗岩、英云闪长岩、闪长岩和基性岩。北秦岭新元古代侵入岩有蔡凹岩体[锆石 LA-ICP-MS U-Pb 年龄为(889±10)Ma;张成立等,2004]和两河口片麻状二长花岗岩(陈隽璐等,2007)。南秦岭新元古代早期岩体以柞水小茅岭复式岩体为代表,岩石组合有蚀变的角闪辉绿(辉长)岩、闪长岩、石英闪长岩和二长闪长岩等,同位素年龄为864～859Ma;新元古代中晚期岩体主要分布在商丹断裂带附近,如磨沟峡闪长岩、黑沟碱性花岗岩和冷水沟辉长岩等,其锆石 U-Pb 年龄依次为(743±12)Ma、(686±10)Ma 和(680±9)Ma(牛宝贵等,2006)。

上扬子陆块中,新元古代主要有米仓山-碑坝复式杂岩体和汉南复式杂岩体,其岩浆活动峰期为830～795Ma 和(780～745)Ma(Li et al.,2003)。前者的岩石组合有霓霞岩、碳酸岩、霓石花岗岩和霞石正长岩,闪长岩、石英闪长岩、二长花岗岩和钾长花岗岩等;光雾山和桃园岩体的形成年龄为774～764Ma(李婷,2010),白玉、上两岩体的锆石年龄为942～872Ma[①];基性岩有辉长苏长岩和角闪辉长岩等,形成年龄为764～757Ma(徐学义等,2011)。汉南复式杂岩体中,望江山基性层状岩体中辉长岩和石英辉长岩形成于841～766Ma(Zhou et al.,2002;李惠民等,2005;徐学义等,2011;凌文黎等,2001;陆松年等,2003);天平河岩体锆石 U-Pb 年龄为(863±10)Ma(凌文黎等,2006),南郑南石英辉长岩的锆石 U-Pb 年龄为(766±16)Ma。汉南复式杂岩体中中酸性岩石组合为闪长岩、英云闪长岩、石英闪长岩、花岗闪长岩和正长花岗岩,形成于868～723Ma(陆松年等,2003;陕西省地质调查院,2017;赵凤清等,2006)。

3. 早古生代侵入岩

1)阿尔泰-天山区

阿尔泰地区中晚奥陶世花岗岩以禾木和阿巴宫(Wang et al.,2006;王涛等,2010)岩体为代表,其岩石类型有花岗闪长岩、闪长岩和黑云母斜长岩等。晚志留世—早泥盆世花岗岩分布广泛,如诺尔特(440～412Ma;楼法生等,1997)、布尔津(412～425Ma;Sun et al.,2008),以花岗闪长岩-斜长花岗岩和石英闪长岩为主。阿尔泰地块南缘-东、西准噶尔北部地区出露寒武纪—早奥陶世花岗岩,以斜长花岗岩、花岗闪长岩、石英闪长岩、二长花岗岩为主,其中辉长岩、斜长花岗岩的锆石 U-Pb 年龄分别为(508±4)Ma 和(503±7)Ma;谢米斯台碱长花岗岩 U-Pb 年龄为(427.6±2.3)Ma(杨钢等,2015);托里西南乌尊布拉克石英闪长岩锆石 LA-ICP-MS U-Pb 年龄为(425.3±2.6)Ma(赵文平等,2013);托让格库都克岩体中英云闪长岩、花岗闪长岩的锆石 U-Pb 年龄分别为(484.6±5.9)Ma 和(485.6±7.80)～(486±5)Ma。

北天山—北山北部—雅干一带,早古生代岩体分布在哈尔里克山一带,少量志留纪岩体分布于哈密以南,在内蒙古小红山及额济纳旗—雅干一带有少量晚奥陶世—早志留世侵入岩。大怪石山二长花岗岩体、县煤矿北花岗闪长岩体的锆石 LA-ICP-MS 测年结果为(440.6±3.7)Ma 和(412.8±3.3)Ma(郭晓俊等,2013);口门子黑云母花岗岩的锆石 SHRIMP 测年结果为(429.6±6.2)Ma(郭华春等,2006),以准铝质—过铝质、中—高钾钙碱性系列为特征。

中天山西段早古生代侵入体主要分布在那拉提地区。其中,森木塔斯片麻状花岗闪长岩、石英闪长岩的锆石 LA-ICP-MS 年龄分别为(485±15)Ma 和(426.7±9.4)Ma(徐学义等,2010);比开花岗岩、夏特二长花岗岩的锆石年龄分别为(478±1.8)Ma(龙灵利等,2007)和(470±12)Ma(Qian et al.,2009)。志留纪岩体的锆石同位素年龄范围为437～419Ma(徐学义等,2010;龙灵利等,2007;朱志新等,

---

① 陕西省地质调查院,2008.南江幅1:25万区域地质调查报告[R]。

2006；张作衡等，2007；Gao et al.，2009）和412～382Ma（龙灵利等，2007；周泰禧等，2000；Gao et al.，2009）。多数岩体呈条带状或者不规则形状产出，岩石类型有正长花岗岩、角闪斜长花岗岩、石英闪长岩、花岗闪长岩、二长花岗岩等。此外，天格尔山花岗岩的锆石SHRIMP年龄为(441.6±3.8)Ma（朱永峰等，2006）。此外，温泉南花岗岩的岩石组合为二长花岗岩-花岗闪长岩-闪长岩-英云闪长岩，最新测年结果为467～452Ma（李孔森等，2013；贾莹刚等，2019），为奥陶纪。中天山中段，托克逊南、老巴仑台、巴音布鲁克和冰大坂等岩体的形成年龄为464～424Ma（巴仑台地区1∶5万5幅区域地质调查报告，2015；黄河等，2015；赵一珏等，2015；巴音布鲁克地区1∶5万4幅区域地质调查报告，2016；魏强等，2017；邢浩等，2016；韩宝福等，2004；杨天南等，2006；徐学义等，2006），岩石类型有白云母花岗岩、斜长花岗岩、片麻状闪长岩、花岗岩和花岗闪长岩以及正长斑岩等。中天山东段，铅炉子、天湖东、星星峡和小盐池北等岩体的同位素年龄范围为466～426Ma（雷如雄等，2014，2012；毛启贵，2010；胡霭琴等，2007；Lei et al.，2011；王德贵等，2006），岩石组合为闪长岩、二长闪长岩和花岗闪长岩。北山公婆泉—马鬃山一带，志留纪岩体有野马街南和勒巴泉构造杂岩、苦里阿巴滩南序列、红柳河北、苦泉沟南和黑条山岩体等，年龄为441.4～410Ma，岩石组成有辉长辉绿岩、闪长岩、石英闪长岩、斜长花岗岩、花岗闪长岩、二长花岗岩和正长花岗岩等（甘肃省地质调查院，2001；李伍平等，2001）。

南天山也有少量志留纪岩体产出，以准铝质—过铝质的高钾钙碱性系列花岗岩为主。

2）塔里木陆块及周缘

库鲁克塔格陆块中分布有较多的奥陶纪—志留纪岩体，其中，乌斯腾高勒岩体二长花岗岩锆石U-Pb年龄为(458±3)Ma，铁门关东岩体花岗闪长岩锆石U-Pb年龄为(419.2±3.1)Ma，乌斯腾高勒岩体黑云石英闪长岩锆石U-Pb年龄为(418.1±2.7)Ma（兴地塔格阿訇口地区1∶5万区域地质调查报告），野云沟钾长花岗岩的锆石U-Pb年龄为(490±13)Ma（韩宝福等，2004），蚕头山北岩体的单颗粒锆石U-Pb年龄为(430.6±1.6)Ma（校培喜等，2006）。

塔里木陆块西南，阿瓦勒克、柯岗和他龙北等寒武纪岩体的同位素年龄为528～475Ma[1]（汪玉珍，1987；李永安等，1995），大同西侧、库地北和雀普河等奥陶纪岩体的同位素年龄为480～445Ma（方锡廉等，1990；许荣华等，1994；汪玉珍等，1987）。这些岩体的岩石组合为闪长岩、石英闪长岩、石英二长岩、花岗岩和二长花岗岩以及石英正长岩等。

敦煌地块及北山南部，将军台超单元由7个单元59个岩体组成，岩石组合为闪长岩、石英闪长岩、英云闪长岩、花岗闪长岩、二长花岗岩和钾长花岗岩等，年龄为479～453Ma。志留纪岩体分布广泛，岩石类型复杂。其中，前进岩体的锆石U-Pb年龄为(440.9±3.0)Ma（李伍平等，2001），黄尖丘片麻岩套中花岗岩的锆石U-Pb年龄为(420.2±0.9)Ma，大口子山浆混组合中花岗闪长岩锆石U-Pb年龄为434～415Ma，豁路山序列中二长花岗岩的锆石U-Pb年龄为(419.3±0.9)Ma。小宛南山构造杂岩中花岗闪长岩的锆石U-Pb年龄为(409.5±3.3)Ma，敦煌党河水库TTG组合中花岗闪长岩的锆石SHRIMP U-Pb年龄为441～440Ma（张志诚等，2009；王楠等，2016），沙枣园二长花岗岩的锆石LA-ICP-MS U-Pb年龄为442～434Ma（王楠等，2016）。

阿尔金北缘主要分布着加里东中—晚期岩体，奥陶纪以二长花岗岩、花岗岩、斜长花岗岩、石英闪长岩、闪长岩和各种基性岩为主，志留纪主要为花岗闪长岩、斜长花岗岩和英云闪长岩。红柳沟蛇绿混杂岩带中辉长岩锆石SHRIMP U-Pb年龄为(479.4±8.5)Ma，此处还有石英闪长岩(481Ma)、斜长花岗岩(474Ma)和花岗闪长岩(481Ma)（杨经绥等，2008），阔什布拉克斑状花岗岩的单颗粒锆石U-Pb年龄

---

[1] 新疆维吾尔自治区地质矿产勘查开发局第一区域地质调查大队.西昆仑山康西瓦至喀喇昆仑山河尾滩地区1∶100万区域地质调查报告[R].1984.

为(443±5)Ma(陈宣华等,2003)。阿中地块中部呈北东方向展布的寒武纪—奥陶纪岩体中,苏吾什杰复式岩体包括辉长岩-辉绿岩、闪长岩、花岗闪长岩和二长花岗岩等,鱼目泉岩体年龄为(496.9±1.9)Ma(孙吉明等,2012)。中奥陶世—志留纪岩体中,帕夏拉依档岩体群以英云闪长岩和二长花岗岩为主,后者的单颗粒锆石U-Pb年龄为(465.0±2.9)Ma(苏吾什杰幅1:25万区域地质调查报告),塔特勒克布拉克岩基中石英闪长岩的锆石LA-ICP-MS U-Pb年龄为(462±2)Ma(曹玉亭等,2010)。巴什考供盆地南缘花岗杂岩体的年龄为474～431Ma(吴才来等,2005),金雁山花岗闪长岩体的年龄为(467.1±6)Ma(郝杰等,2006)。

3) 华北克拉通及周缘

阿拉善陆块及周缘,阿右旗一带早古生代岩体中,奥陶纪为石英闪长岩、英云闪长岩、二长花岗岩,志留纪以石英闪长岩、英云闪长岩、花岗闪长岩和二长花岗岩为主,有少量辉长岩。

阴山-大青山仅有少量早古生代岩体。达茂旗西北部白彦花—巴特敖包一带有闪长岩、石英闪长岩、英云闪长岩、花岗闪长岩侵入体。其中,闪长岩、石英闪长岩和花岗闪长岩的锆石SHRIMP U-Pb年龄依次为(452±3)～(440±2)Ma、(446±2)Ma、(440±2)Ma(张维等,2008)。此外,该套岩石的锆石U-Pb年龄还有:闪长岩472～469.2Ma,英云闪长岩552.67～427Ma,花岗闪长岩536.2～450Ma,石英闪长岩493～473.4Ma(许立权等,2003;陶继雄等,2005)。

4) 祁连山-柴达木北缘地区

河西走廊地区主要分布奥陶纪—志留纪侵入体。窑沟、南坝岩体以花岗闪长岩为主,锆石SHRIMP年龄分别为(463.2±4.7)Ma(吴才来等,2006),(461±2)Ma、(418±2)Ma(秦海鹏,2012)。新开沟岩体中二长花岗岩、石英二长岩的锆石SHRIMP同位素年龄分别为(449±4)Ma、(422±7)Ma和(432±3)Ma(吴才来等,2006;秦海鹏,2012)。志留纪花岗岩体数量多、出露面积大,多呈岩基产出。其中,金佛寺岩体中二长花岗岩锆石SHRIMP定年结果为(424.1±3.3)Ma(吴才来等,2010)。河西堡花岗岩体中花岗闪长岩同位素年龄为(427±14)Ma,二长花岗岩同位素年龄为(403±18)Ma(方同辉等,1997)和(444±2)Ma(魏俏巧等,2013)。毛藏寺花岗闪长岩的锆石LA-ICP-MS U-Pb年龄为(424±4)Ma(熊子良等,2012)。

北祁连寒武纪—奥陶纪岩体的锆石同位素测年集中在516～449Ma之间(宋忠宝等,2004;Chen et al.,2014;吴才来等,2004,2006,2010;秦海鹏,2012),岩石组合为闪长岩、石英闪长岩、石英二长闪长岩、英云闪长岩,较大岩体中有花岗岩和二长花岗岩。志留纪花岗岩同位素年龄集中在441～423Ma之间(夏林圻等,2001;钱青等,1998;魏方辉等,2012;裴先治等,2007;Zhang et al.,2006;Tseng et al.,2009),以花岗岩、二长花岗岩、花岗闪长岩为主,闪长岩和基性—超基性岩次之。

中祁连地区,中酸性岩体和基性—超基性岩体均有产出。花岗岩类的锆石年龄集中在512～444Ma之间,为寒武纪—奥陶纪(吴才来等,2006;Wu et al.,2011;刘志武等,2006;秦海鹏,2012;毛景文等,2000a;雍拥等,2008;苏建平等,2004),岩石类型复杂多样,从基性到酸性都有。

南祁连主要分布奥陶纪—志留纪岩体。奥陶纪岩体出露在西端安南坝山一带,岩石组合为花岗岩闪长岩-英云闪长岩-石英闪长岩和闪长岩等,其他地区则零星分布。其中,柴达木山花岗岩的锆石SHRIMP年龄为(446.3±3.9)Ma(吴才来等,2001,2007)。志留纪岩体分布广泛,岩石组合为正长花岗岩-二长花岗岩-花岗闪长岩-英云闪长岩-石英闪长岩-闪长岩等,并有基性和超基性岩体产出。其中塔塔棱环斑花岗岩体的锆石SHRIMP U-Pb年龄为(440±14)Ma(卢欣祥等,2007)。

柴达木北缘早古生代岩体多呈小岩株产出,赛什腾山(吴才来等,2008)、嗷唠山(Wu et al.,2006)、团鱼山(吴才来等,2007)和绿梁山(袁桂邦等,2002)等岩体锆石U-Pb年龄为496～465Ma,岩石组合为闪长岩-石英二长闪长岩-花岗闪长岩-二长花岗岩。此外团鱼山晚期侵入岩(吴才来等,2008)、鱼卡河南、大柴旦(Wu et al.,2006;吴才来等,2007)、乌日嘎(徐学义等,2008)等岩体的形成年龄为447～443Ma,以二长花岗岩-二云母花岗岩-白云母花岗岩-正长花岗岩为主要岩石组合;志留纪噉唠河岩体石英闪长岩锆石 SHRIMP U-Pb 年龄为(372.1±2.6)Ma(吴才来等,2007,2008),岩石组合为正长花岗岩-二长花岗岩-花岗闪长岩-石英闪长岩-正长岩等。

5) 秦岭-北大巴山地区

北秦岭早古生代岩浆作用大致可划分为两个阶段(王涛等,2009):第一阶段,寒武纪—奥陶纪,以发育于北秦岭东段的Ⅰ型花岗岩为主,伴有S型花岗岩,形成于板块俯冲背景,同位素年龄为507～440Ma(陆松年等,2003b;王涛等,2009;张宏飞等,1996;董增产等,2009;陈隽璐等,2008;裴先治等,2007;温志亮等,2008;闫全人等,2007);第二阶段主要发育Ⅰ型花岗岩,为碰撞环境,同位素年龄为438～391Ma(王涛等,2009;陆松年等,2003;温志亮等,2008;王婧等,2008;李平等,2011)。

中南秦岭早古生代岩体主要分布在安康及其以南的汉阴-平利、红椿坝断裂以北,时代上以志留纪为主,岩性上以花岗岩、石英闪长岩和闪长岩为主,有碱性花岗岩、正长岩和同期的基性岩株、岩脉、岩墙等产出。

北大巴山区仅发育志留纪岩体,岩石组合为花岗岩、闪长岩、正长岩和基性的辉长岩、辉绿岩等。其中,镇坪辉绿岩锆石 SHRIMP U-Pb 年龄为(439±6)Ma(邹先武等,2011)。

6) 昆仑造山带

西昆仑地区早古生代岩体广泛分布。寒武纪岩体以康西瓦北部库尔良岩体为代表,其中黑云母角闪闪长岩、花岗闪长岩的锆石 SHRIMP U-Pb 年龄分别为(506.8±9.8)Ma 和(500.2±1.2)Ma(张占武等,2007)。西段奥陶纪岩体的锆石 SHRIMP U-Pb 年龄范围为447～440Ma(崔建堂等,2006a,2006b),东段奥陶纪花岗岩的年龄范围为481～442Ma(王炬川等,2003)。此外,在康西瓦以南还有2个寒武纪二长花岗岩岩体产出。

祁曼塔格-东昆仑北部,晚寒武世—晚奥陶世花岗岩以含云母花岗岩为特征,如伊涅克阿干岩体和水草沟岩体,后者钾长花岗岩的锆石 U-Pb 年龄为(432.3±0.8)Ma。

巴颜喀拉-松潘地块,早古生代侵入体数量少,主要分布在东段哈图河至卡可特河一带,其他地区零星分布。岩石组合为闪长岩、石英闪长岩、英云闪长岩、花岗闪长岩和二长花岗岩,还有辉绿岩和超基性岩等,时代主要为寒武纪到奥陶纪,部分为志留纪。都兰可可沙(张亚峰等,2010)、香日德南部变质闪长岩(陈能松等,2000)岩体和白石岭岩体群(李荣社等,2008)的年龄为515～443Ma。

4. 晚古生代侵入岩

1) 阿尔泰-天山区

阿尔泰地块及其南缘地区晚古生代岩浆作用可分为2个阶段:早期阶段为泥盆纪—早石炭世,岩体多呈较大岩株或岩基产出,同位素年龄为422～321Ma(Wang et al.,2006;Windley et al.,2002;童英等,2007;Yuan et al.,2007;孙敏等,2009;龙灵利等,2009;Chen et al.,2010;张招崇等,2006;郭正林等,2010;李永等,2012;Zhou et al.,2008;韩宝福等,2006),岩石组合为二长花岗岩、花岗岩、花岗闪长岩、石英二长岩、辉石闪长岩;晚期阶段为晚石炭世—早二叠世,年龄分布在319～270Ma 之间(韩宝福等,2006;童英等,2006;Chen et al.,2010;Zhou et al.,2008;Yuan et al.,2007;周刚等,2007a,2007b,2015),岩石类型有二长花岗岩、正长花岗岩、花岗岩、二云母花岗岩、花岗闪长岩、斜长花岗岩、闪长岩、碱性花岗岩和正长岩等,还发育伟晶岩。

西准噶尔地区,在铁厂沟一带有别鲁阿嘎希、玉依塔勒盆提和黄梁子3个晚泥盆世岩体,别鲁阿嘎希岩体的锆石 U-Pb 年龄为(369±5.8)Ma(金成伟等,1997)。该区石炭纪—早二叠世岩体发育,包括包古图、红山、克拉玛依、乌雪特、塔尔根、别斯托别、达因苏、庙儿沟等岩体，同位素年龄为343～287Ma（尹继元等，2013；周涛发等，2015；杨钢等，2015；胡洋等，2015；冯乾文等，2012；韩鑫等，2013；贺敬博等，2011；唐功建等，2009；韩宝福等，2006；苏玉平等，2006；高山林等，2006；张连昌等，2006；张立飞等，2004；李宗怀等，2004；金成伟等，1997），塔尔根岩体的锆石SHRIMP U-Pb年龄为(287±6)Ma（韩宝福等，2006）、(295.8±2.5)Ma（宋彪等，2011），巴阿勒艾勒特23号、乌森萨兰24号和24-1号岩体的锆石LA-ICP-MS U-Pb年龄依次为(297±2)Ma、(283±2)Ma和(302±2)Ma，其岩性主要为石英正长斑岩和石英二长岩（尹继元等，2013）。

东准噶尔南部地区发育2个构造旋回花岗岩，分别为晚志留世—中泥盆世和石炭纪—二叠纪。晚志留世—中泥盆世岩体有野马泉岩体、姜格尔库都克岩体、托让格库都克岩体、色克森巴依超单元、纸房超单元、淖毛湖东北岩体、结尔得嘎拉南岩体等，形成年龄为423～376Ma。石炭纪—二叠纪岩体众多，岩石类型复杂多样，有二长花岗岩、钾质花岗岩、斜长花岗岩、花岗闪长岩、石英闪长岩、闪长岩，同时还有碱性花岗岩。这些岩体成岩年龄集中在311～295Ma之间（韩宇捷等，2012；杨高学等，2009，2010；苏玉平等，2006，2008；韩宝福等，2006；赵东林等，1999，2000；刘伟等，1990；王式洸等，1994），少量为中二叠世，如大红山岩体锆石SHRIMP U-Pb年龄为(268±4)Ma（韩宝福等，2006）。

北天山—北山北部—雅干一带，泥盆纪岩体主要在觉罗塔格—黑鹰山出露，锆石同位素年龄为357～383Ma（宋彪，2002；李文明等，2002），岩性几乎囊括所有花岗岩类岩石，还有闪长岩和辉长岩产出。石炭纪花岗岩广泛分布，锆石同位素年龄范围为351～298Ma，岩性有二长花岗岩、钾长花岗岩、花岗闪长岩、斜长花岗岩、石英闪长岩等（施文翔，2015；李平等，2013；朱增伍等，2006；吴昌志等，2006；吴华等，2006；周涛发等，2010；陈富文等，2005；徐学义等，2006；顾连兴等，2001，2006；李锦轶等，2006）。二叠纪花岗岩的年龄范围为298～252Ma（Yuan et al.，2010；汪传胜等，2009；周涛发等，2010；王居里等，2009；唐俊华等，2008；李永军等，2007；顾连兴等，2006；任燕等，2006；韩宝福等，2004；李华芹等，1998，2004；李少贞等，2006；任秉琛等，2002；秦克章等，2002；李文明等，2002；王瑜等，2002；赵明等，2002）。除了正常的各类花岗岩外，还有二云母花岗岩、白云母花岗岩和碱性岩，后者包括石英正长岩、正长岩、正长花岗岩和碱长花岗岩等。

伊犁地块泥盆纪岩体集中在那拉提山主峰一带，岩性有花岗岩、花岗闪长岩、二长花岗岩、钾长花岗岩等，锆石同位素年龄范围为372～366Ma；科克苏河东岸黑云母花岗岩锆石LA-ICP-MS U-Pb年龄为(407±12)Ma（徐学义等，2010）那拉提二长花岗岩锆石LA-ICP-MS U-Pb年龄为(366±11)Ma。石炭纪—早二叠世花岗岩广泛分布，锆石同位素年龄范围为358～281Ma（李晓英等，2015；杨光华等，2014；刘新等，2012；徐学义等，2006，2010；杨高学等，2008；唐功建等，2008；李永军等，2007a；李继磊等，2010；王博等，2007；陈必河等，2007；朱志新等，2006a；刘志强等，2005），岩性有钾长花岗岩、花岗岩、二长花岗岩、石英闪长岩，还有碱长花岗岩、二云母碱长花岗岩、石英正长岩等。此外，尼勒克圆头山中二叠世正长花岗斑岩的锆石LA-ICP-MS U-Pb年龄为(269±3)Ma（李宁波等，2013）。

中天山中东段，马鞍桥一带早—中泥盆世侵入体较多，岩石组合有闪长岩、花岗闪长岩、斜长花岗岩、花岗岩和钾长花岗岩，锆石同位素年龄集中在407～369Ma之间（徐学义等，2006；杨天南等，2006；王守敬等，2010）。阿拉塔格一带的乱石条序列和大盐池基性岩群中，前者的岩石组合为钾长花岗岩、花岗岩-花岗斑岩、花岗闪长岩、二长花岗岩等，锆石SHRIMP年龄为(408±20)Ma，后者的岩石组合有辉长岩、辉长辉绿岩和超基性岩，锆石SHRIMP年龄为(389.1±6.3)Ma（新疆维吾尔自治区地质调查院等，2005）。公婆泉—马鬃山一带的白头山超单元、红柳沟西超单元和公婆泉铜矿南序列的同位素年龄为403～375Ma。中天山中东段石炭纪岩体大量分布，同位素年龄范围为346～301Ma（仇银江等，2015；李鹏等，2011；张晓梅等，2006；新疆维吾尔自治区地质调查院，2004，2005；聂凤军等，2005；李嵩龄等,1996;甘肃省地质调查院等,2003;王彦斌等,1994),岩石类型有橄榄辉长岩、辉长岩、闪长岩、石英闪长岩、花岗闪长岩、二长花岗岩和钾长花岗岩。中天山中东段二叠纪岩体相对较少,岩性有石英闪长岩、英云闪长岩、花岗闪长岩、二长花岗岩和钾长花岗岩,少量辉长岩和闪长岩。此外,对于该区两个呈近等轴状、具有环形构造的尾亚杂岩体和天湖超单元,其形成时代历来存在争议。尾亚杂岩体包括由碱性辉长岩、石英正长岩、碱长花岗岩组成的尾亚超单元和由石英闪长岩、花岗闪长岩、二长花岗岩及钾长花岗岩组成的环形山超单元,侵位于中天山带与北侧觉罗塔格带的分界线上,被认为是"钉合岩体",该岩体的锆石同位素年龄范围为259~233Ma(李玟等,2010;王京彬等,2006;王玉往等,2006;张遵忠等,2005;Zhang et al.,2005)。天湖超单元的锆石U-Pb年龄为265.5~221.6Ma(赵宏刚等,2017;胡霭琴等,1986)。上述数据表明两个岩体形成于中二叠世晚期—三叠纪。两个超单元中基性岩属碱性系列,中酸性岩由碱性系列的石英正长岩、霞石正长岩和高钾钙碱性系列的二长花岗岩和英云闪长岩组成。

南天山地区,泥盆纪—石炭纪岩体出露在中东段,岩石组合为花岗岩、斜长花岗岩和石英闪长岩,锆石SHRIMP测年结果为(396±4)Ma(杨天南等,2006),盲起苏岩体同位素年龄为304~296Ma(朱志新等,2008);红山岩体锆石SHRIMP U-Pb年龄为(297±3)Ma(张天宇等,2013);晚泥盆世花岗岩岩基出露面积总和超过2800km^2,代表性岩体有额尔宾山、南希达坂、克尔古堤乌什塔拉岩体等岩体。石炭纪岩石组合有钾长花岗岩、二长花岗岩和花岗闪长岩等,也有碱长花岗岩、花岗岩、石英闪长岩和闪长岩。南天山地区二叠纪岩体不少,岩石组合有钾长花岗岩、二长花岗岩、碱性花岗岩、钠闪石霓石碱性花岗岩、石英正长岩、正长岩和二长岩等,还有辉长岩、闪长岩、辉长闪长岩、黑云石英闪长岩等。其中,川乌鲁正长岩体锆石LA-ICP-MS U-Pb年龄为(286.4±2.5)Ma、(291.3±5.9)Ma(黄河等,2010)。

2)塔里木克拉通及其周缘

库鲁克塔格地区,泥盆纪花岗岩的岩石组合为闪长岩-二长花岗岩-花岗闪长岩-正长花岗岩等,其中,铁门关岩体、乌斯腾高勒岩体锆石U-Pb年龄分别为(400.6±1.6)Ma和(399.9±1.5)Ma(阿甸口地区1∶5万区域地质调查报告,2015)。

塔里木西南一带,晚古生代岩体形成时代主要为石炭纪—二叠纪,岩石组合为二长花岗岩、花岗闪长岩、英云闪长岩、石英闪长岩、闪长岩,还有碱性正长岩和石英正长岩产出。其中,乌依塔格蛇绿岩套中斜长花岗岩锆石SHRIMP U-Pb年龄为337~327Ma(Jiang et al.,2008),喀依孜岩体的锆石LA-ICP-MS年龄为(250.7±4.7)Ma(刘建平等,2010)。

敦煌地块及北缘地区,泥盆纪花岗岩有北山南部的平头山组合和敦煌陆块中的片石山南序列、榆林河水库及蘑菇台等岩体。平头山组合主要由辉长辉绿岩、闪长岩、花岗闪长岩和二长花岗岩组成,形成年龄为425~379Ma;片石山南序列主要由石英二长闪长岩和花岗闪长岩组成,锆石U-Pb年龄为(387±49)Ma(甘肃省地质调查院,2002)。榆林河和蘑菇台北岩体的锆石LA-ICP-MS U-Pb年龄为363~360Ma,主要岩性为花岗闪长岩、闪长岩和二长闪长岩(赵燕,2017)。石炭纪花岗岩广泛发育,岩性复杂多样,包括各种钙碱性系列的中酸性岩类,形成年龄为345~301Ma(1∶25万马鬃山幅和笔架山幅区域地质调查报告)。二叠纪岩体分布也相当广泛,总数在380个以上,以小岩株为主,有少量较大岩基,同位素年龄为295~251Ma。岩石类型有正长花岗岩、二长花岗岩、白云母花岗岩、英云闪长岩、花岗闪长岩、石英闪长岩、闪长岩、辉长岩,还有碱性花岗岩和石英正长岩。

3)华北克拉通及周缘

阿拉善陆块及北缘,主要分布英格特-巴格毛道岩体,岩石类型有石英闪长岩、花岗闪长岩和花岗岩,锆石SHRIMP U-Pb年龄为(313±5)Ma;库楚乌拉和一连两个红色花岗岩体的年龄分别为(277±2)Ma和(278±4)Ma(韩宝福等,2010)。

中蒙边界附近的满都拉一带,二叠纪岩体有钾长花岗岩、花岗岩、花岗闪长岩、斜长花岗岩、石英闪长岩、闪长岩和辉长岩等。其中,合勒陶日盖辉长岩的单颗粒锆石 U-Pb 年龄为(280.4±1.1)Ma。阴山—大青山一带,泥盆纪—二叠纪有钾长花岗岩、斜长花岗岩、石英闪长岩和二长岩等。其中,西营子花岗岩的锆石 LA-ICP-MS U-Pb 年龄为(281.9±3.1)Ma(曾俊杰等,2008),乌梁斯太岩体和克布岩体的 SHRIMP 年龄分别为(277±3)Ma 和 291Ma(罗红玲等,2007,2009),乌拉特中旗含石榴子石花岗岩的锆石 SHRIMP U-Pb 年龄为(256.4±2.2)Ma(张青伟等,2011),牙马图岩体的单颗粒锆石 U-Pb 年龄为(261±1.3)Ma(赵勇等,2011)。

4)祁连山及柴达木北缘

河西走廊一带,泥盆纪—早石炭世岩体黄羊河花岗岩的锆石 LA-ICP-MS U-Pb 年龄为(383±6)Ma,青石峡岩体的锆石同位素年龄为(372±6)Ma(夏林圻等,2001),黑下老岩体的锆石同位素年龄为(345.5±37)Ma(张德全等,1995)。

南祁连地块晚古生代岩体分布零星,依克达木湖东、大头羊岩体的锆石 SHRIMP U-Pb 年龄分别为(402±3)Ma 和(372.0±2.7)Ma(吴才来等,2007)。

柴达木地块中,嗷唠河岩体石英闪长岩锆石 SHRIMP U-Pb 年龄为(372.1±2.6)Ma(吴才来等,2008),其岩石类型有正长花岗岩、二长花岗岩、花岗闪长岩、石英闪长岩和正长岩等;巴嘎柴达木湖东南小岩体的锆石 SHRIMP 年龄为(374.5±1.6)Ma,属晚泥盆世;二叠纪三岔沟岩体的锆石 SHRIMP U-Pb 年龄为(271.2±1.5)和(260.4±2.3)Ma,分别对应早期的二长花岗岩、花岗闪长岩和晚期的钾长花岗岩(吴才来等,2008)。

5)秦岭-北大巴山地区

北秦岭晚古生代花岗岩的同位素年龄为 414~375Ma,岩石类型有闪长岩、石英闪长岩、花岗闪长岩、二长花岗岩(王洪亮等,2009)。南秦岭晚古生代以二叠纪岩体为主,岩石类型有石英闪长岩、闪长岩、二长闪长岩、二长花岗岩、花岗闪长岩、英云闪长岩和正长岩,还发育基性的辉绿岩等。

碧口地块晚古生代中酸性岩体分布在略阳断裂之南,有一个泥盆纪闪长岩和一个石炭纪花岗岩;晚古生代基性岩体分布在勉略宁三角地带靠近龙门山断裂一侧,岩性主要为辉绿岩。

6)昆仑造山带

西昆仑地区,泥盆纪岩体主要分布在吐鲁布拉克到布伦口一带,岩性以英云闪长岩和石英闪长岩为主。石炭纪分布相对零散,岩石组合有二长花岗岩、花岗闪长岩、英云闪长岩、闪长岩和少量辉长岩,其中麻扎弧岩体的锆石 SHRIMP U-Pb 年龄为(338±10)Ma(李博秦等,2006);奥依塔格奥长花岗岩锆石 SHRIMP U-Pb 年龄为 339~330Ma(计文化等 2018;李广伟等,2009)。二叠纪岩体的岩性主要有二长花岗岩、花岗闪长岩、英云闪长岩、石英闪长岩和闪长岩。

祁曼塔格-东昆仑北部,泥盆纪花岗岩的岩石组合为闪长岩、石英闪长岩、花岗闪长岩和二长花岗岩,同位素年龄为 412~357Ma。金水口岩体由含石榴子石堇青石花岗岩、二长花岗岩和花岗闪长岩等组成(龙晓平等,2006)。石炭纪岩体分布零星,以钾长花岗岩为主。二叠纪岩体多呈较大岩基大量产出,主要岩性为石英闪长岩、花岗闪长岩和二长花岗岩,滩北雪峰石英闪长岩的单颗粒锆石 U-Pb 年龄为(284.3±1.2)Ma(王秉璋等,2009),楚鲁套海岩体的锆石 LA-ICP-MS U-Pb 年龄为(256.0±9.6)Ma(过磊等,2010)。

巴颜喀拉-松潘地块中,泥盆纪岩体分布较多,其中石英闪长岩的锆石 U-Pb 年龄为 413~403Ma。在阿其克库勒湖以西地段,石炭纪岩体的锆石 U-Pb 年龄为 336~326Ma,由闪长岩-花岗闪长岩-二长花岗岩组成(李荣社等,2008;柏道远等,2006);二叠纪岩体的锆石 U-Pb 年龄为 285~253Ma,岩性为英云闪长岩、花岗闪长岩、闪长岩和石英闪长岩(李荣社等,2008)。在昆中断裂以南、E90°—94°一带为以石炭纪为主的岩体,岩石组合为花岗闪长岩、二长花岗岩和正长花岗岩,单颗粒锆石 U-Pb 年龄为(316±12)Ma(李荣社等,2008)。在昆中断裂以南、阿拉克湖以北的岩体中,花岗岩锆石 LA-ICP-MS U-Pb 年龄为 351~325Ma(李荣社等,2008)。此外,布尔汗而达山岩体群中,岩石组合为闪长岩、英云闪长岩、花岗闪长岩和二长花岗岩,锆石 U-Pb 年龄为 289~280Ma,属早二叠世(李荣社等,2008);拉尕吐花岗闪长岩的锆石 LA-ICP-MS U-Pb 年龄为(255.3±3.6)Ma(孙雨等,2009)。

5. 中生代侵入岩

西北地区中生代侵入岩出露相对较少,主要集中分布在秦岭和昆仑造山带,敦煌地块及边缘也有少量产出。

1) 阿尔泰-天山区

阿尔泰地区三叠纪以来的代表性岩体有可可托海伟晶岩、尚可兰、哈腊苏铜矿区哈拉苏、尚可兰和将军山等酸性岩体,锆石同位素年龄分布在 246~206Ma 之间(张亚峰等,2015,2017;王春龙等,2015;秦克章等,2013;任宝琴等,2011;Wang et al.,2007,2008),岩石类型有花岗岩、二云母花岗岩、碱长花岗岩和伟晶岩等。

天山地区三叠纪花岗岩体分布在觉罗塔格、博罗科努、中天山、乌代肯达坂、白山、土墩、白干湖、雅满苏、鄯善采石场、东戈壁等地区,这些岩体的锆石 U-Pb 年龄范围为 249~226Ma(赵宏刚等,2018;黄栋等,2017;吕金刚等,2015;王银宏等,2015;吴云辉等,2013;周涛发等,2010;李华芹等,2006;李文明等,2002),岩石类型有花岗闪长岩、二长花岗岩、白云母二长花岗岩、碱长花岗岩和花岗斑岩等。

2) 塔里木-敦煌地块及周缘

塔里木西南,三叠纪有卡克雷姆和科岗岩体,后者的锆石 SHRIMP U-Pb 年龄为(228.2±1.5)Ma,主要岩石类型为二长花岗岩和正长花岗岩,形成于碰撞造山后的伸展背景(张传林等,2005)。

敦煌地块及北缘,三叠纪有四道梁和赤金堡岩体,主要岩性为二长花岗岩、钾长花岗岩、花岗岩等;侏罗纪有音凹峡、红柳大泉、毛井南等花岗岩体,多呈岩株产出。

阿中地块仅在瓦石峡一带分布有侏罗纪尧勒萨依岩体群,岩石类型为闪长岩、二长闪长岩、二长岩、二长花岗岩、正长花岗岩和正长岩等(李荣社等,2008)。

3) 阿拉善-华北陆块及周缘

阿拉善北缘—狼山—阴山一带,大量发育三叠纪岩体,岩石类型主要为黑云母花岗闪长岩、黑云母花岗岩、二云母花岗岩和闪长岩。其中,罕乌拉、布格道苏绍崩等岩体的单颗粒锆石 U-Pb 年龄分别为(220.9±0.3)Ma 和(204.9±5.9)Ma(赵勇等,2011),车根达来岩体中的锆石 SHRIMP U-Pb 年龄为(245±1)Ma(张维等,2010)。

鄂尔多斯陆块南缘,小秦岭地区出露大量晚侏罗世—白垩纪岩体以及极少三叠纪岩体。多数呈面积小于 1km² 的岩株,岩性以二长花岗岩为主,少见石英闪长岩。这些岩体的锆石同位素年龄为 150~131Ma(王晓霞等,2011;张宗清等,2006;郭波,2009;朱赖民等,2008;赵海杰等,2010;Mao et al.,2010)。

4) 祁连-柴达木地块及周缘

北祁连印支期花岗岩分布在东段通渭—陇山一带,以二长花岗岩为主,呈巨型岩基产出。其中,关山岩体的锆石 SHRIMP U-Pb 年龄为(229±7)Ma(Zhang et al.,2006)。

南祁连地块中生代岩体分布在西段安南坝山和东段的青海湖一带,岩石组合为正长花岗岩、二长花岗岩、花岗闪长岩、英云闪长岩、石英闪长岩和闪长岩等。黑马河岩体的锆石 LA-ICP-MS U-Pb 年龄为(235±2)Ma(张宏飞等,2006)。

三叠纪花岗岩在柴达木地块北缘出露很少,在东南部大量分布。柴达木盆地北缘西部的冷湖岩体,岩石组合为花岗闪长岩和二长花岗岩,锆石 U-Pb 年龄为(242.6±3.2)Ma(杨明慧等,2002)。柴达木地块东南部早三叠世有下拉木苏、鄂拉山、琅玛、南陇达瓦、哈尔郭勒、乌龙山南滩等岩体,其锆石 TIMS 年龄为239～210Ma(徐学义等,2008)。中—晚三叠世岩体主要分布在拉木苏、桃斯托、枪口、查查香卡、尔日格、玛日格、尕录、鄂拉山和巴硬格莉山等地,包括鄂拉山花岗闪长岩岩基、尔日格花岗闪长岩-二长花岗岩杂岩基、玛日格和下拉木苏-桃斯托二长花岗岩岩基等。

5) 秦岭-北大巴山地区

秦岭中东段,中生代岩浆作用强烈,印支期岩体同位素年龄为225～195Ma(卢欣祥等,1999;王晓霞等,2003;温志亮等,2008;王婧等,2008),主要有二长花岗岩和黑云角闪石英正长岩,还有沙河湾二长岩-云煌岩杂岩体。燕山中期桃官坪和西沟二长花岗岩的锆石 LA-ICP-MS U-Pb 年龄分别为(157±1)Ma 和(153±1)Ma(柯昌辉等,2012)。

西秦岭地区,中生代岩体集中分布在共和盆地西缘、共和盆地东缘至合作市以东和礼县-两当3个地段,同仁、冶力关、夏河、夏河东、德乌鲁和当家寺等岩体的岩性有二长花岗岩、花岗闪长岩、石英闪长岩,锆石同位素年龄为248～234Ma(金维浚等,2005;韦萍等,2013;徐学义等,2014;张德贤等,2015;张永明等,2017),为早—中三叠世花岗岩。晚三叠世有江里沟、舍哈力吉、武山东南的温泉等花岗岩体,同位素年龄范围为234～214Ma(张涛等,2015;黄雄飞等,2014;徐学义等,2014;张宏飞等,2006)。柏家庄岩体群被称为"五朵金花",是以二长花岗岩为主的二长花岗岩+花岗闪长岩组合,同位素年龄为232～179Ma(许亚玲等,2006;宋忠宝,1997;王顺安等,2016;Zeng et al.,2014),形成于晚三叠世到早侏罗世。此外,糜署岭岩体群的形成年龄为237～184Ma(李永军等,2004)。

南秦岭中生代主要形成大量的三叠纪岩基和岩基群,锆石 U-Pb 年龄为221～183Ma,岩石类型有二长花岗岩、花岗闪长岩、石英闪长岩、英云闪长岩、石英二长岩(孙卫东等,2000;张成立等,2005;张帆等,2009;张宗清,1996;杨恺等,2009);冷水沟正长闪长斑岩的锆石 SHRIMP U-Pb 年龄为(141.7±1.4)Ma,属白垩纪(牛宝贵等,2006)。

碧口地块中生代岩体均为三叠纪。其中,阳坝岩体以花岗闪长岩为主,锆石 LA-ICP-MS U-Pb 年龄为(215.4±8.3)Ma(秦江锋等,2005;张宏飞等,2007);南一里岩体以黑云母花岗岩为主,锆石 SHRIMP U-Pb 年龄为(224±5)Ma。

6) 昆仑-北羌塘

西昆仑中生代以三叠纪岩浆活动最为强烈,形成大量的岩基和岩株,代表性岩体有慕士塔格、安大力塔克和阿克阿孜山等。阿卡阿孜山岩体单颗粒锆石 U-Pb 年龄为(214±1)Ma(Yuan et al.,2002),上其木干岩体的锆石 LA-ICP-MS U-Pb 年龄为(225.4±1.9)Ma(陈海云等,2014)。这些岩体的岩石组合为二长花岗岩、花岗岩、花岗闪长岩、石英二长岩。

东昆仑(包括祁曼塔格)地区,三叠纪侵入岩的岩石组合为正长花岗岩、花岗岩、花岗闪长岩、石英二长岩、二长花岗岩、英云闪长岩、石英闪长岩和闪长岩,还有基性—超基性杂岩体,同位素年龄为237～204Ma(张德全等,2000;王秉璋等,2014,2009;奚仁刚等,2010;吴祥何等,2011)。石灰沟外滩辉长岩-辉石岩-橄榄岩杂岩体,岩石类型包括蛇纹石化橄榄岩、伟晶状角闪辉长岩、辉石岩、中细粒角闪辉长岩、闪长岩及花岗闪长岩等。千瓦大桥北角闪辉长岩体的锆石 SHRIMP U-Pb 年龄为(239±6)Ma(莫宣学等,2007)。此外,东昆仑还分布有侏罗纪岩体,由碱长花岗岩、正长花岗岩体组成。

巴颜喀拉-松潘地块三叠纪主要分布在西部的五瓣湖到阿其克库勒湖一带、五道梁地区和冬给措纳湖一带。冬给措纳湖一带岩体年龄为247～231Ma,八宝、西马尕压岩体群年龄为245～233Ma(李荣社等,2008);岩石类型有正长花岗岩、二长花岗岩、花岗岩、花岗闪长岩、英云闪长岩、斜长花岗岩、石英闪长岩、二长岩、石英二长闪长岩等。巴颜喀拉山东段岩体的锆石 SHRIMP U-Pb 年龄为218～197Ma

(沙淑清等,2007),岩石组合为花岗闪长岩、二长花岗岩和正长花岗岩。侏罗纪岩体分布也相当广泛,岩石类型有正长花岗岩、二长花岗岩、花岗闪长岩、英云闪长岩、石英闪长岩、二长岩、石英正长岩等,形成年龄为 199～159Ma(李荣社等,2008)。白垩纪岩体很少,呈小岩株产出,岩性为二长花岗岩。

昌都地块三叠纪岩体的岩石组合为石英闪长岩、英云闪长岩和花岗闪长岩(王秉璋等,2008)。双湖-龙木措大断裂带北侧,西段主要为侏罗纪岩体,中东段主要为三叠纪和白垩纪岩体。尕羊正长花岗岩、新荣二长花岗岩为晚二叠世到早三叠世岩体,前者的单颗粒锆石 TIMS U－Pb 年龄为(251.4 ± 0.6)Ma(祁生胜等,2009)。扎那日根岩体由早期黑云母石英闪长岩和晚期花岗闪长岩组成,锆石 U－Pb 年龄为 217～216Ma,属晚三叠世(李莉等,2007)。晚白垩世龙亚拉和木乃岩体的年龄为 69～37Ma,岩石组合为二长花岗岩、正长花岗岩、辉石石英二长岩和石英二长岩(段志明等,2009)。

6. 新生代侵入岩

新生代侵入岩主要分布在西北地区南部,多呈小岩株产出。其中,巴颜喀拉-松潘地块新近纪岩体的岩性为二长花岗岩,锆石 U－Pb 年龄为(38 ± 7)Ma(李荣社等,2008);塔什库尔干-甜水海地区,新生代岩体主要出露于塔什库尔干县,卡英代、卡日巴生、苦子干等岩体的单矿物 K－Ar 年龄为 33.6～9.7Ma,岩性以二长花岗岩为主,有花岗岩、石英正长岩、霓辉正长岩。正长岩和正长花岗岩的锆石 SHRIMP U－Pb 年龄分别为(11.1 ± 0.3)Ma 和(11.3 ± 0.6)Ma(柯珊等,2006)。昌都地块新生代岩体同位素年龄为 47～40Ma,岩石组合为花岗岩、碱性花岗岩、正长岩和二长花岗岩等(白云山等,2006;段志明等,2005;李洪普等,2009),是新生代以来以青藏高原抬升为主的构造运动的响应。

第四节　西北地区特殊岩类时空分布特征

一、西北地区蛇绿岩特征

西北地区蛇绿岩广泛分布于不同时期的造山带中,时代跨度大,形成环境复杂,对重建区域板块和洋陆格局具有十分重要的意义。这些蛇绿岩广泛分布在阿尔泰、准噶尔、天山、祁连山、秦岭和昆仑山等造山带中(表 2－1)。前人已进行过较为详细和全面的研究(冯益民等,1986,1995,1996,2018;朱云海等,1999;张旗等,2001;陈隽璐等,2004,2008a;徐学义等,2006,2008;董连慧等,2010;李源等,2012;朱小辉等,2014,2015;宋述光等,2019;Dong et al.,2018;李智佩等,2020;高俊等,2022),尤其是大量古生代以来的蛇绿岩多是古亚洲和古特提斯两大构造域中多岛弧盆体系下复杂地质活动的岩石学记录。本节在中国西北区域地层自然区划图(见附图)的基础上,结合近年来区域地质调查和各项研究的成果,进行简要概述。

1. 阿尔泰区

区内蛇绿岩主要出露在额尔齐斯蛇绿构造混杂岩带中,属斋桑-额尔齐斯蛇绿岩带组成部分。该构造混杂岩带向东可能连接贺根山洋,属于古生代西伯利亚板块与哈萨克斯坦-准噶尔板块结合带组成部分。这些蛇绿岩呈构造透镜体断续出露,以玛因鄂博、布尔根蛇绿混杂岩为代表,显示有两阶段演化特征(陈隽璐等,2020)。其中,额尔齐斯北侧的库尔提蛇绿岩由枕状变玄武岩、辉长岩、辉绿岩墙或岩床、斜长花岗岩等构造岩片叠置而成,斜长花岗岩的 SHRIMP 锆石年龄为(372 ± 19)Ma(张海祥等,2003)。玛因鄂博蛇绿混杂岩中斜长角闪岩的 LA－ICP－MS 测年结果为(437 ± 12)Ma(张越等,

表2-1 西北地区蛇绿岩时空序列表（不含内蒙古地区）（李智佩，2020）

2012)、层状辉长岩的 SHRIMP 测年结果为(397±6)Ma(1∶25万富蕴县幅区域地质调查报告),为早志留世—早中泥盆世形成。布尔根蛇绿混杂岩由 E-MORB 玄武岩、洋岛玄武岩、岛弧玄武岩等组成,其玄武岩具有(352.1±4.4)Ma 的锆石 SHRIMP 年龄,形成于早石炭世(吴波等,2006)。

2. 准噶尔区

西准噶尔北段(即谢米斯断裂以北的西准噶尔地区):散布有一系列古生代蛇绿岩,包括科克森套蛇绿岩、库吉拜蛇绿岩、查干陶勒盖蛇绿岩和洪古勒楞蛇绿岩等(朱永峰和徐新,2006;Zheng et al.,2019;都厚远等,2017;Zhao and He,2014;杨亚琦等,2021;张元元等,2010;舍建忠等,2016)。位于谢米斯台南缘的伊尼萨拉-查干陶勒盖蛇绿岩由蛇纹石化橄榄岩、变质辉长岩、玄武岩、细碧岩、硅质岩及同源火山碎屑岩等构造岩块和同源火山碎屑岩基质等组成。锆石 LA-ICP-MS 测年结果表明,伊尼萨拉蛇绿岩、查干陶勒盖蛇绿岩的形成时代分别为(491.8±7.8)Ma 和 519～517Ma(本次工作;赵磊等,2013)。在其硅质岩中获得早奥陶世晚期放射虫组合(*Inanihella bakanasensis*,Nazarov;*Triplococcus acanthicus*,Danelian and Popov)、海绵骨针(*Hexactinellida*)等化石(1∶25万铁厂沟幅区域地质调查报告),进一步表明其所代表的洋盆在早古生代早中期也有持续活动。库吉拜(阿布都拉)蛇绿岩出露在塔尔巴哈台山克恩沙依以南,由变辉长岩[(478±3)Ma]、蛇纹石化橄榄岩、硅质岩等构成不完整的蛇绿岩套(新疆维吾尔自治区地质调查院,2013;朱永峰等,2007)。洪古勒楞蛇绿岩位于谢米斯台-沙尔布尔提山地区,总体为多个构造岩块呈北东向展布,由蛇纹岩、橄长岩、堆晶辉长岩[(472±8.4)Ma]、玄武岩和斜长岩组成且相对缺少火山岩和深海沉积物(张驰等,1993;张元元等,2007),地球化学研究显示其可能与俯冲作用有关。西准噶尔北部萨克依阔拉斯-阿迭克尔套地区存在呈构造透镜状断续出露的科克森套蛇绿岩,其由蛇纹石化橄榄岩、蚀变辉橄岩、辉石岩、辉长岩、斜长花岗岩、玄武岩等组成。蚀变辉橄岩和辉长岩锆石 LA-ICP-MS U-Pb 年龄分别为(391.9±2.2)Ma 和(370±1.5)Ma(陕西省地质矿产勘查开发局区域地质矿产研究院,2019),倪康等(2013)获得科克森套辉长岩锆石 U-Pb 年龄为(332.1±1.5)Ma 和(336.5±1.3)Ma,但对辉长岩性质未进行分析,所获年龄仅作为参考。

西噶尔南段(即谢米斯断裂以南的西准噶尔地区):蛇绿岩出露较多,规模较大,受大断裂构造控制,呈带状延伸,主要由唐巴勒-玛依勒山-巴尔雷克、达拉布特-萨尔托海、百口泉-白碱滩 3 条断续分布的蛇绿岩块体构成。

(1)唐巴勒、玛依勒山、巴尔雷克蛇绿混杂岩中的岩块主要由蛇纹岩、异剥橄榄岩、辉石岩、橄榄辉石岩、辉长岩、辉绿岩、枕状玄武岩、变杏仁状球颗玄武岩、硅质岩等组成(陕西省地质矿产勘查开发局区域地质矿产研究院,2012)。其中,唐巴勒蛇绿岩的测年结果多分布在 531～447Ma 之间(Jian et al.,2005)。玛依勒山蛇绿岩中辉长岩的锆石 LA-ICP-MS U-Pb 年龄为(572.2±9.2)Ma(杨高学等,2013),1∶25万托里县幅区域地质调查工作时又测得其辉长岩具有(498.6±2.6)Ma 的锆石 LA-ICP-MS U-Pb 同位素年龄。陕西省地质矿产勘查开发局区域地质矿产研究院(2012)对巴尔鲁克蛇绿混杂岩中变辉长岩、斜长花岗岩进行了锆石 LA-ICP-MS U-Pb 同位素测年,分别获得(521.1±7.2)Ma 和(499.9±7.2)Ma 的测年结果。此外,部分学者认为唐巴勒蛇绿混杂岩可与位于中天山北缘的干沟-米什沟-乌斯特沟蛇绿混杂岩相连或相对比(冯益民,1986;肖序常等,1992)。

(2)达拉布特蛇绿混杂岩位于西准噶尔克拉玛依市以北的扎依尔山区,呈北东-南西向带状断续延伸百余千米,由 10 余个蛇绿岩残块组成不同规模的构造岩块,主要包括蛇纹岩(变质橄榄岩)、辉石岩、辉长岩、玄武岩、硅质岩、安山岩等构造岩块。受后期构造作用影响,达拉布特蛇绿岩多被肢解破坏。达拉布特蛇绿岩内硅质岩放射虫化石时代为早—中泥盆世(肖序常等,1992),锆石 U-Pb 年龄相对集中在 426～388Ma 和 314～302Ma 两个阶段(陈博等,2010;辛平阳等,2009);萨尔托海蛇绿岩中辉长辉绿岩同位素年龄为(388.8±1.1)Ma(何世平等,2013)。地球化学研究显示,这两个蛇绿岩块体均具有弧后盆地的地球化学特征(辜平阳等,2009;何世平等,2013)。

(3)白碱滩-百口泉蛇绿混杂岩位于准噶尔盆地西缘,呈北东向展布,主要由蛇纹岩、辉石橄榄岩、辉石岩、辉长辉绿岩墙、枕状玄武岩、硅质岩等组成。蛇绿混杂岩块中含有复理石、大理岩和石榴角闪岩等[中国地质大学(武汉)地质调查研究院,2015],内部硅质岩中发现中—晚奥陶世的放射虫化石(何国琦等,2007)。徐新等(2006)获得克拉玛依蛇绿岩内辉长岩的锆石SHRIMP U-Pb年龄为(414.8±8.6)Ma,杨高学等(2013)分别对白碱滩蛇绿岩中辉长岩、玄武岩进行了锆石LA-ICP-MS U-Pb定年,也获得了(387±8)Ma和(395±3)Ma的早—中泥盆世测年结果。此外,克拉玛依蛇绿岩中辉长岩也具有早石炭世末期(332±14)Ma的锆石SHRIMP U-Pb同位素年龄(徐新等,2006)。

东准噶尔地区:包含扎河坝-阿尔曼泰蛇绿构造混杂岩带和卡拉麦里-伊吾蛇绿构造混杂岩带。

(1)扎河坝-阿尔曼泰蛇绿混杂岩带,西起扎河坝煤矿以南,东经阿尔曼泰到中蒙边界的北塔山一带,呈北西-南东向展布。在阿尔曼泰山主脊线一带,蛇绿岩套发育较完整,有变质橄榄岩、堆晶辉长岩和辉绿岩、玄武岩、硅质岩等。西段扎河坝地区蛇绿岩组分出露也较全,但堆晶岩和辉绿岩不及阿尔曼泰主脊线处发育,顶部有较强变形的枕状玄武岩。扎河坝蛇绿杂岩带中有呈透镜状的二辉橄榄岩、含超硅-超钛石榴子石的石榴辉石岩及含多硅白云母的石英菱镁岩和榴闪岩等超高压岩石产出(牛贺才等,2007a,2007b);阿尔曼泰蛇绿岩含铬尖晶石蛇纹岩、含铬铁矿纯橄岩等,也有碧玉岩和豆荚状铬铁矿产出(李锦轶等,1995)。扎河坝斜长花岗岩、阿尔曼泰辉长岩、兔子泉斜长花岗岩和北塔山辉长岩的测年结果分别为(495.9±5.5)Ma(张元元等,2010)、(514.3±3.7)Ma(冯晓强等,2016)、(503±7)Ma(肖文交等,2006)和(494±3)Ma(刘亚然等,2016),表明该蛇绿岩带为一套早古生代蛇绿岩残片。

(2)卡拉麦里-伊吾蛇绿构造混杂岩带,主要沿卡拉麦里大断裂分布,西自清水泉,向东南经南明水、巴里坤大红柳峡,延伸到伊吾县大黑山以东,呈构造残块的形式零星分布。此带蛇绿岩岩石组分较完整,包括变质橄榄岩、蛇纹岩、堆晶异剥橄榄岩、堆晶辉长岩、变质辉长岩、辉绿岩、基性熔岩及深海放射虫硅质岩等(李锦轶等,1995)。卡拉麦里蛇绿混杂岩带岩石组合较为复杂,存在E-MORB型、N-MORB型、OIB型的玄武岩,也有岛弧拉斑性质的SSZ型蛇绿岩,具体成因仍尚有争议。结合近年来的同位素测年资料看,其年龄相对集中在416~373Ma和342~329Ma两个阶段。此外,塔合尔巴斯陶蛇绿岩辉长岩、阿勒屯昆多斜长花岗岩的锆石LA-ICP-MS U-Pb年龄分别为(348.8±4.8)Ma和(351±6)Ma[中国地质大学(武汉)地质调查研究院,2014;秦彪等,2012],也说明此地区存在早石炭世洋盆活动。在卡拉麦里蛇绿岩带南、北两侧中—上志留统中都发现图瓦贝化石(李锦轶等,1995;何国琦等,2001),且在上覆碧玉岩中发现了泥盆纪—早石炭世的放射虫化石(李锦轶等,1995;舒良树等,2002),以及该地区克安库都克组(D_3ka)属一套陆相磨拉石建造,表明卡拉麦里蛇绿岩所代表的洋盆似乎不可能从早古生代早期一直延续到中泥盆世。卡拉麦里洋盆或许存在晚志留世—早泥盆世闭合后,于早石炭世再次打开的可能。

3. 天山区

北天山构造带蛇绿岩:在中天山北缘断裂以北,呈北西西-南东东向展布于艾比湖至后峡地区(王作勋等,1990)。其中,奎屯河蛇绿岩的斜长花岗岩SIMS锆石定年结果为(343.1±2.7)Ma(李超等,2013),属早石炭世花岗岩。巴音沟蛇绿岩则呈推覆岩片逆冲于阿克沙克组之上,并被晚石炭世奇尔古斯套组角度不整合覆盖。巴音沟斜长花岗岩、堆晶辉长岩的锆石U-Pb测年结果分别为(324.7±7.1)Ma和(344.0±3.4)Ma(徐学义等,2006a,2006b)。已有学者认为,早石炭世天山古生代洋盆已经闭合并进入到大规模造山后裂谷拉伸阶段(夏林圻等,2002a,2002b;Xia et al.,2003,2004)。北天山巴音沟蛇绿岩可能形成于大陆裂谷向大洋裂谷转化环境,类似于现今的红海(徐学义等,2016)。

中天山北缘蛇绿混杂岩带:沿中天山北缘断裂在米什沟—干沟北西方向,南至冰达坂以北,可与位于其南东方向的米什沟-干沟-乌苏通沟蛇绿(混杂)岩相连,且有高压蓝片岩相伴(高长林等,1995;崔可锐等,1997;刘斌等,2003),共同构成中天山北缘蛇绿混杂岩带,代表了早古生代北天山-准噶尔洋盆俯冲消减闭合的残迹。主要包括冰达坂蛇绿混杂岩和乌斯特沟-米什沟-干沟蛇绿混杂岩带。

(1)冰达坂蛇绿混杂岩位于中天山北缘边界断裂冰达坂北侧的红五月桥和天山一号冰川之间,目前尚未见有相关的同位素测年数据。由于该蛇绿混杂岩向西可以与西准噶尔唐巴勒蛇绿混杂岩连接、向东可以与中天山北缘乌斯特沟-米什沟-干沟蛇绿混杂岩相连或相对比,因此冰达坂蛇绿岩的形成时代应为早古生代(前志留纪)。董云鹏等(2005)认为辉绿岩与玄武岩具有不同的地幔源区或岩浆演化过程,辉绿岩形成于中天山北缘古洋盆初始扩张阶段,而玄武岩形成于成熟的洋中脊环境。

(2)乌斯特沟-米什沟-干沟蛇绿混杂岩带总体表现为一条强变形带,内部弱应变域主要由透镜状的弱变形蛇绿岩块或火山岩构造岩块构成,而强应变带由强烈剪切变形的混杂基质构成,共同构成具有古板块缝合带指示意义的蛇绿混杂岩带。混杂岩带内的构造岩块主要包括变质橄榄岩(纯橄岩、方辉橄榄岩)、辉长岩、辉绿岩、玄武岩,均呈无根构造岩块、岩片或透镜体状出露。该蛇绿岩的形成时代目前尚未见有可靠的同位素测年资料,但其硅质岩夹层中含放射虫和单轴、三轴海绵骨针及瓶状几丁虫等微体化石,杂砂岩中产牙形石 *Proneotodus*(?)sp., *Baltoniodus* cf. *approximates*, *Hindeodella* sp.(欣德刺),灰岩夹层中产叠层石 *Drepanodus*(?)sp., *Colonnella* sp.(车自成等,1994)。同时,其被含早志留世笔石的米什沟组复理石建造不整合覆盖(车自成等,1994),表明乌斯特沟-米什沟-干沟蛇绿混杂岩所代表的洋盆在晚寒武世之前已经存,并于奥陶纪末期完成关闭。

南天山北缘蛇绿混杂岩带:既是重要的构造变形带,又是重要的岩相古地理界线,也是明显的变质作用和岩浆活动的分界。沿线断续出露大量包含基性—超基性岩和其他性质构造岩块的混杂岩,部分基性—超基性岩石组合具有蛇绿岩性质,并伴生有榴辉岩、蓝片岩及高压麻粒岩等高压—超高压变质岩类。这些说明中天山南缘断裂带为具有板块缝合带性质的海沟俯冲杂岩带,其中的蛇绿岩残片应是已消失了的古南天山洋岩石圈的残迹。该地区主要由长阿吾子、古洛沟-乌瓦门和榆树沟-硫磺山-铜花山3条蛇绿岩带组成。

(1)长阿吾子蛇绿岩断续出露于北木扎尔特河的长阿吾子沟南侧,并与高压蓝片岩、榴辉岩相伴。蛇绿岩组合保存极不完整,超基性岩呈透镜状夹于蓝片岩和绿片岩中。长阿吾子蛇绿混杂岩中辉长岩已变质为阳起钠长片岩、蓝闪钠长片岩,枕状玄武岩很可能变质为绿帘蓝闪片岩、石榴蓝闪片岩等(汤耀庆等,1995)。其辉长岩的 $^{40}Ar-^{39}Ar$ 坪年龄为439Ma(郝杰等,1993),相当于早志留世早—中期。结合区域高压—超高压变质岩系的测年数据,南天山洋可能经历了俯冲-消减作用。

(2)古洛沟-乌瓦门蛇绿岩分布在和静县巴仑台镇以南地区,以构造岩片(或构造岩块)的形式逆冲于中天山南缘混杂岩带之上。该蛇绿岩的各组成单元较为齐全,变质橄榄岩、堆晶辉长岩、均质辉长岩、席状岩墙群、基性火山岩、斜长花岗岩、放射虫硅质岩等均有出露。但蛇绿岩组合的"假层序"多由于后期推覆作用破坏肢解而呈断层接触。目前尚未见确切的同位素测年数据,但放射虫硅质岩中所夹灰岩透镜体含晚志留世—早泥盆世珊瑚化石。此蛇绿岩所代表的大洋岩石圈被认为仰冲就位于中天山南缘蛇绿混杂岩带中,而真正代表南天山洋的N-MORB质洋壳可能已再循环消减至地幔深部(徐学义等,2016)。

(3)榆树沟-硫磺山-铜花山蛇绿混杂岩位于库米什镇以南地区的榆树沟、铜花山、硫磺山等地。沿线断续出露的蛇绿混杂岩、火山-沉积岩基质及高压麻粒岩,显示库米什南侧的榆树沟—硫磺山一带可能具有缝合线属性。榆树沟斜长花岗岩和斜长岩的锆石SHRIMP U-Pb 年龄为439～435Ma 等(杨经绥等,2011),铜花山蛇绿岩有晚志留世—早泥盆世放射虫化石(张成立等,2006),表明南天山洋在早泥盆世具有明显的持续扩张。经本项目团队进一步的野外调查发现,铜花山地区强烈揉皱变形的上泥盆统破城子组(D_3p)复理石沉积岩系被未变质-弱变形的下石炭统干草湖组(C_1g)灰岩不整合覆盖,并且不整合面上发育有厚度不等的古风化壳。此不整合接触关系和地层变形程度的差异,说明古南天山洋在泥盆纪末已经闭合,石炭纪已处于新的构造发展阶段。

南天山构造带蛇绿岩:位于哈尔克山南坡,由为南、北两支构成。北支沿库勒湖-铁力买提达坂-科克铁克达坂展布,南支西起米斯布拉克、阿尔腾柯斯河上游、满大勒克,经独库公路965km处至色日克牙依拉克,主要出露在库勒湖和色日克牙依拉克等地。

(1)库勒湖蛇绿岩位于哈尔克山南坡独库公路南段的库勒湖-库尔干道班之间。该地区蛇绿岩的"层序"已被肢解破坏,缺少席状辉绿岩墙,主要由碳酸岩化超镁铁岩、辉长岩、块状玄武岩及枕状玄武岩等组成,部分地段可见紫红色硅质岩覆盖于枕状熔岩之上。库勒湖蛇绿岩上覆的硅质岩中发育有中泥盆世—早石炭世的放射虫化石(刘羽等,1994;汤耀庆等,1995)。辉长岩锆石 LA-ICP-MS U-Pb 测年结果为$(418.2±2.6)$Ma(马中平等,2007)、枕状熔岩的锆石 SHRIMP U-Pb 测年结果为$(425±8)$Ma(龙灵利等,2006),表明库勒湖蛇绿岩应形于中—晚志留世。

(2)色日克牙依拉克蛇绿岩(属南天山蛇绿岩的南支)位于霍拉山地区,主要岩石组合为地幔橄榄岩、镁铁质堆晶岩(部分已经动力变质为斜长角闪质糜棱岩)、片理化粒玄岩、枕状熔岩及硅质岩(高俊等,1995)。米斯布拉克地区发现大量晚泥盆世—早石炭世放射虫(舒良树等,2007)。色日克牙依拉克蛇绿岩的锆石 U-Pb 年龄为423Ma(Jiang et al.,2014)。

西南天山地区蛇绿岩:①吉根蛇绿岩出露于西南天山乌恰县吉根乡,岩石组合基本齐全,包括变质橄榄岩、辉长辉绿岩及基性火山熔岩等。徐学义等(2003)认为吉根蛇绿岩属 P-MORB 型,Sm-Nd 等时线年龄为$(392±15)$Ma。②在阔克萨彦岭地区的齐齐加纳克蛇绿混杂岩主要由辉石橄榄岩、橄榄辉石岩、橄榄玄武岩、辉长岩、辉绿岩、基性熔岩等组成,锆石 SHRIMP U-Pb 测年结果为$(399±4)$Ma(王莹等,2012)。阔克萨彦岭西南部巴雷公镁铁—超镁铁质岩石多呈残块状分布于构造岩片之中,其OIB型辉绿岩的锆石 LA-ICP-MS U-Pb 年龄为$(450±2)$Ma(王超等,2007)。

4. 北山区

北山区自北向南主要由4条蛇绿混杂岩带组成,分述于下。

红石山-百合山蛇绿混杂岩带:该带的蛇绿岩岩块在平面上呈透镜状且大致沿构造线产出,向东可与百合山、蓬勃山一带断续出露的蛇绿岩相连。主要由变质超镁铁杂岩块、堆晶超镁铁—镁铁岩块、辉长岩块、上覆火山-沉积岩块、硅质岩等构成了相对完整的蛇绿岩组合。红石山蛇绿岩内部含早石炭世的微古植物化石(黄增保等,2006),辉长岩的锆石 LA-ICP-MS U-Pb 年龄为$(346.6±2.8)$Ma(王国强等,2014,2021),代表该蛇绿岩形成时代;东侧的百合山蛇绿岩中辉长岩的锆石 LA-ICP-MS U-Pb 年龄为$(344.6±1.8)$Ma(牛文超等,2019)。区域上下—中二叠统双堡塘组与下伏下石炭统白山组之间的角度不整合接触关系也进一步证明,红石山-百合山蛇绿混杂岩带代表的洋盆开启于早石炭世,闭合于双堡塘组沉积之前(王国强等,2021)。

芨芨台子-小黄山蛇绿混杂岩带:为自北向南逆冲推覆而成的岩片,夹有可能来自中天山的硅质条带白云岩和石英片岩古老块体,蛇绿岩"层序"及相互接触关系不清晰。蛇绿岩组成中变质橄榄岩主要为方辉橄榄岩,堆晶岩石组合为纯橄岩、二辉辉石岩、异剥辉石岩、金云母辉石岩、辉长岩等;喷出岩为玄武岩、玄武安山岩、英安岩、流纹斑岩,未见到明显的辉绿岩墙和深水沉积的硅质岩。据1:20万路井幅(甘肃省地质局地质力学区测队,1977),小黄山蛇绿岩的灰岩夹层、透镜体中赋存奥陶纪—志留纪的化石,李向民等(2012)获得了(321.2±3.7)Ma 的辉长岩锆石 LA-ICP-MS U-Pb 年龄。此外,小黄山蛇绿岩也曾报道有(516±8)Ma 的锆石 SHRIMP U-Pb 年龄(Shi et al.,2021)。跨度如此之大的测年数据制约了对蛇绿岩构造成因的判断。一些地质学家认为该蛇绿岩为一早古生代弧后盆地环境形成的 SSZ 型蛇绿岩(杨合群等,2010;Zheng et al.,2013);王国强等(2021)认为该地区在早古生代洋盆已闭合的基础上于早石炭世再次伸展裂解,芨芨台子蛇绿岩形成于初始大陆裂解之后新生洋盆的持续扩张作用。

红柳河-牛圈子-洗肠井蛇绿混杂岩带:是北山地区延伸最长的蛇绿岩带,西起甘-新交界处的红柳河,经玉石山、牛圈子、马鬃山主峰、月牙山,东止于洗肠井,并被阿尔金断裂系左行错断为3段。由于造山期韧性剪切作用和造山期后由北向南推覆作用的改造,该带在不同地段出露不全,局部地段缺失某些蛇绿岩套岩石单元。红柳河-牛圈子-洗肠井蛇绿混杂岩带中的变质橄榄岩主要为尖晶石二辉橄榄岩(何世平等,199)和方辉橄榄岩(张旗等,2001),堆晶岩系有辉橄岩、橄榄辉石岩、辉长岩和闪长岩、斜长岩等,局部地段可见由暗色辉长岩和浅色斜长岩组成的堆晶"层理"(于福生等,2000)。月牙山蛇绿岩套中斜长花岗岩的锆石 SHRIMP U-Pb 年龄为(536±7)Ma(侯青叶等,2012);王国强等(2021)据下寒武统双鹰山组不整合覆盖于新元古代洗肠井群冰碛岩之上,且滨浅海相双鹰山组显示有海进的沉积特征,将该蛇绿混杂岩带代表的洋盆开启下限置于早寒武世。另外,红柳河辉长岩 TIMS 法锆石 U-Pb 年龄为(425.5±2.3)Ma(于福生等,2006),辉长岩、辉长质糜棱岩中角闪石的 ^{40}Ar-^{39}Ar 坪年龄分别为(496±33)Ma 和(462.5±2.3)Ma(郭召杰等,2006),牛圈子蛇绿岩中辉长岩的锆石 LA-ICP-MS U-Pb年龄为(446.5±4)Ma(武鹏等,2012),这些均说明该蛇绿岩所代表的洋盆活动可持续至晚奥陶世。对于蛇绿岩成因,红柳河-牛圈子-洗肠井蛇绿混杂岩中可能既有主洋盆扩张阶段形成的 MORB 型洋壳蛇绿岩,也可能在洋盆消减阶段在弧前或弧后形成的 SSZ 型蛇绿岩,均暗示了洋盆具有一定的规模和后期相对复杂的构造改造。

辉铜山(柳园)-帐房山蛇绿混杂岩带:出露于辉铜山(柳园西)、花南沟、帐房山等地,大致沿柳园-大奇-帐房山断裂两侧断续分布,岩石组合为方辉橄榄岩、纯橄榄岩、堆晶辉长岩、玄武岩等。辉铜山、帐房山蛇绿岩中辉长岩的锆石 LA-ICP-MS U-Pb 年龄分别为(446.1±3.0)Ma 和(362.6±4.0)Ma,可能并非同一个蛇绿岩带(余吉远等,2012)。前者形成于陆缘裂谷环境,后者可能形成于"红海型"洋盆环境(王国强等,2021)。

5. 锡林浩特区

恩格尔乌苏蛇绿混杂岩位于内蒙古阿拉善北部,呈北东向带状断续延伸400km 以上至蒙古国南戈壁省境内,向南西可能与阿尔金断裂相接(王廷印等,1992),生物古地理上,分隔北侧的早二叠世腕足生物群和南侧的蜓类生物群(卜建军等,2019)。该蛇绿混杂岩由构造岩块与基质组成,构造岩块岩性包括超基性岩、大洋中脊玄武岩(N-MORB)、放射虫硅质岩、浊积岩、灰岩、砂砾岩型古大洋锰矿物等(宋博等,2021);混杂岩基质主要为浊积岩,部分为蛇绿岩粉等。在硅质岩中获得 *Entactinosphaera strangulata*(早二叠世亚丁斯克-萨克马尔阶)放射虫化石(Song et al.,2014),并获得玄武岩锆石 SHRIMP U-Pb 年龄(302±14)Ma(Zheng et al.,2014)。

6. 秦岭区

北秦岭早古生代蛇绿混杂岩带(商丹蛇绿岩带)和勉略蛇绿构造混杂岩带将秦岭造山带自北向南划分为华北板块南缘、北秦岭构造带、南秦岭构造带和扬子板块北缘4个构造单元(张国伟等,2001)。此外,在松树沟出露有秦岭地区最古老的蛇绿岩,其 Sm-Nd 等时线年龄范围为1084~

983Ma(陆松年等,2004),构造带中伴生有高压麻粒岩等变质岩系。区内两条主要的蛇绿构造混杂岩带简述如下。

北秦岭早古生代蛇绿混杂岩带(商丹蛇绿岩带):呈北西向展布于秦岭造山带中北部,西起甘肃武山,向东经李子园、唐藏、丹凤到商南进入河南,是北秦岭造山带与中南秦岭构造带之间具分划意义的构造混杂岩带。其中包括武山、关子镇、岩湾-鹦鸽咀、细微子沟等蛇绿岩,这些蛇绿岩组成各地略有差别,多由蛇纹岩、辉长岩、玄武岩、硅质岩等组成。它们的同位素年龄相对集中在 534~457Ma 之间,关子镇蛇绿岩测年数据集中在 534~499Ma 之间(裴先治等,2007;李王晔等,2007),岩湾蛇绿岩锆石 LA-ICP-MS U-Pb 年龄为(483±13)Ma(陈隽璐等,2008),鹦鸽咀蛇绿岩的锆石同位素年龄集中在 523.8~474.3Ma 之间(李源等,2012),细尾子沟辉长岩锆石 LA-ICP-MS U-Pb 测年结果为(443.6±1.8)Ma(刘成军等,2015)。

勉略蛇绿构造混杂岩带:分布于康县—略阳—勉县—西乡高川一线,向东可能经石泉-安康断裂与湖北大别山蛇绿岩相接,向西通过迭部以南与三叠纪混杂岩相接。勉略蛇绿岩主要以构造岩块(片)形式产出于三岔子、庄科、鞍子山等地,岩石组合主要包括超镁铁质岩、辉长岩、玄武岩、斜长花岗岩、硅质岩、灰岩及基底变质岩块等(张国伟等,2003)。前人多认为其形成于晚古生代泥盆纪—石炭纪(张国伟等,2003;李曙光等,1996),但闫全人等(2007)对三岔子蛇绿岩中斜长花岗岩进行的锆石 SHRIMP U-Pb 测年结果为(923±13)Ma,琵琶寺火山岩、张儿沟安山岩和黑沟峡安山岩的锆石同位素测年结果分别为 783~754Ma(李瑞保等,2007)、(840±5.4)Ma(徐通等,2013)和(807±13)Ma(刘成军等,2017)。上述年龄说明勉略洋是一个新元古代洋盆,可能在印支期被卷入到勉略构造混杂岩带中,以洋壳残片的形式出现。

7. 祁连区

祁连山及邻区自北向南分布 4 条蛇绿构造混杂岩带,分别代表了祁连地区早古生代大洋不同演化阶段的产物:九个泉-老虎山蛇绿混杂岩带、熬油沟-玉石沟-永登蛇绿混杂岩带、大道尔吉-拉脊山-永靖蛇绿混杂岩带及柴北缘高压/超高压变质带。其中,九个泉-老虎山蛇绿混杂岩带和熬油沟-玉石沟-永登蛇绿混杂岩带位于北祁连地区,该地区经历了大洋扩张和俯冲,发育沟-弧-盆构造体系和高压/低温变质带,是典型的大洋冷俯冲带。柴北缘构造带主体则为陆壳深俯冲形成的高压/超高压变质带(冯益民等,1995;宋述光等,2019;徐学义等,2020)。

九个泉-老虎山蛇绿混杂岩带:位于祁连-白银弧岩浆杂岩带的北部,自东向西从景泰县老虎山,经扁都口、苏伏河、大岔大坂-白泉门,直至榆树沟一带并被阿尔金左行走滑断裂所穿切,主要由蛇绿岩块及早古生代地层组成。代表性的蛇绿岩有西部的九个泉蛇绿岩、大岔大坂蛇绿岩以及东部的老虎山蛇绿岩等。九个泉蛇绿岩(也称塔敦沟蛇绿岩)由地幔橄榄岩、堆晶辉长岩、辉长岩、枕状熔岩等组成;大岔大坂蛇绿岩自底至顶由蛇纹石化方辉橄榄岩、辉长岩、辉绿岩墙、枕状熔岩、块状玄武岩等组成;老虎山蛇绿岩由变质橄榄岩、辉长岩以及玄武岩和沉积岩的互层组成,局部可见异剥钙榴岩。九个泉辉长岩的锆石 SHRIMP U-Pb 年龄为(490±5.1)Ma(夏小洪等,2010),双龙蛇绿岩辉长岩的锆石 LA-ICP-MS U-Pb 年龄为(464±2)Ma,大岔大坂辉长岩的锆石 SHRIMP U-Pb 年龄为(505±8)Ma(孟繁聪等,2010)。这些测年结果和地球化学研究表明此蛇绿构造混杂岩带为早古生代 SSZ 型蛇绿岩,且多认为其形成于弧后盆地环境(夏林圻等,2001;Xia et al.,2003)。

熬油沟-玉石沟-永登蛇绿混杂岩带:沿托来山北坡分布,北西端始于吊大坂,向东南经玉石沟、川刺沟,断续延至天祝大克岔。熬油沟蛇绿岩分布于肃南祁青乡熬油沟一带,岩石类型主要包括蛇纹岩、细粒辉长岩,少量的辉绿岩、玄武岩和紫红色硅质岩。这些岩石主要为构造岩片,其中的细粒辉长岩和粗玄岩具有 N-MORB 的特征(夏小洪等,2012)。玉石沟蛇绿岩的主要岩石类型有方辉橄榄岩、纯橄岩、堆晶辉长岩、均质辉长岩、角斑岩、细碧质枕状熔岩及以团块状含放射虫硅质岩。枕状熔岩具典型 N-MORB 特征(史仁灯等,2004),硅质岩中有晚寒武世—早奥陶世放射虫化石(冯益民等,1995)。由熬油沟蛇绿岩(547~522Ma)、玉石沟蛇绿岩(502~500Ma)、川刺沟蛇绿岩[(495±13)Ma]和东草河蛇绿岩[(497±7)Ma](曾建元等,2007)构成的北祁连早古生蛇绿岩带,是典型的大洋中脊型蛇绿岩。

大道尔吉-拉脊山-永靖蛇绿混杂岩带:从东部的甘肃永靖,经青海的拉脊山、刚察,向西延伸至大道尔吉一带。拉脊山蛇绿岩在剖面上岩石组成并不完整,大部分地区由枕状熔岩和放射虫硅质岩组成,而下部堆晶辉长岩产出较少,超基性岩呈岩块产出于不同部位。近年来的工作认为,拉脊山蛇绿混杂岩带中的拉脊山寒武纪蛇绿岩和增生杂岩之间为断层接触,分别位于断层下盘和上盘,二者共同向北仰冲于中祁连南缘青石坡组之上。混杂岩中斜长花岗岩、斜长岩的锆石同位素测年结果分别为(561±4)Ma和(507±9)Ma,与辉绿岩、玄武岩、硅质岩和砂岩等外来或原地岩块与浊流成因的细碎屑岩基质,被认为是南祁连洋(原特提斯洋一部分)在寒武纪向南俯冲而成的沟-弧系的地质记录(付长垒等,2018;Fu et al.,2018;Yan et al.,2019,2020)。大道尔吉蛇绿岩出露于甘肃肃北县城南东约86km,岩石单元包括地幔橄榄岩、镁铁—超镁铁质堆晶杂岩和玄武安山岩。镁铁—超镁铁质堆晶杂岩包括3个堆晶旋回,底部为含铬尖晶石纯橄岩,向上逐渐变为透辉石岩(辉石橄榄岩)-辉长岩等,其中玄武安山岩具弧后盆地火山岩地球化学特征(黄增保等,2016)。永靖蛇绿混杂岩带位于兰州西南雾宿山野狐沟—梁家山一带,蛇绿混杂岩带内发现有枕状构造的苦橄岩,为洋底高原型蛇绿岩地体(Song et al.,2017)。

柴达木北缘构造混杂带:西起阿尔金断裂南侧,向东经赛什腾山、绿梁山、锡铁山、阿姆尼克山和阿尔茨托山,止于哇洪山一带,主要出露古元古界达肯大坂岩群,下古生界滩间山群、赛什腾组和下泥盆统牦牛山组等。已有的同位素年代学研究显示区内高压—超高压变质岩石的变质年龄集中于458~420Ma之间 (Song et al.,2004,2006; Chen et al.,2009; Zhang et al.,2009)。超高压榴辉岩原岩的形成时代有两组:一组介于850~700Ma之间(Zhang et al.,2005,2010;Chen et al.,2009;Song et al.,2010),另一组为516Ma左右(Zhang et al.,2009),可能表明柴北缘地区主体为陆壳深俯冲,局部地段存在洋壳深俯冲。有学者在柴北缘东段都兰沙柳河地区识别出一套经历过超高压变质的由地幔橄榄岩-堆晶岩-玄武岩组成的洋壳岩石组合,即沙柳河蛇绿岩。该蛇绿岩单元出露较为齐全,下部层位为蛇纹石化地幔橄榄岩(方辉橄榄岩)和异剥钙榴岩,中部层位为堆晶辉长岩(蓝晶石榴辉岩和绿帘石榴辉岩),上部层位为玄武岩(多硅白云母榴辉岩)。另有部分学者认为滩间山群是柴北缘构造混杂岩带的主体组成部分,变辉长岩、斜长花岗岩的锆石 LA-ICP-MS U-Pb 测年结果分别为(493±3)Ma 和(535±2)Ma(朱小辉等,2014),在形成时代上,与区内高压基性麻粒岩、榴辉岩的变质年龄(516~421Ma)较为接近(张建新等,2007;Zhang et al.,2008)。

8. 西昆仑区

西昆仑地区蛇绿岩主要由库地-其曼于特蛇绿构造混杂岩带和康西瓦-苏巴什蛇绿混杂岩带等组成。

库地-其曼于特蛇绿构造混杂岩带:西起库地,向东经尼沙、其曼于特,沿喀什塔什山北侧延伸,止于阿尔金走滑断裂,包括库地和其曼于特等蛇绿岩。该带蛇绿岩的组成主要有变质橄榄岩、二辉辉石岩、粒玄岩、石英辉长岩、辉长辉绿岩和块状枕状玄武岩及深海复理石细碎屑岩等,硅质岩含有晚奥陶世—早志留世的放射虫(周辉等,1998)。库地蛇绿岩的锆石同位素测年结果集中在510~494Ma 之间(肖序常等,2003;李天福等,2014;张传林等,2004),其曼于特蛇绿岩的锆石测年结果为526Ma(韩芳林等,2003),它们的形成多认为与洋盆俯冲机制有关。

康西瓦-苏巴什蛇绿混杂岩带:北起塔什库尔干县巴什克可一带,向南经库勒那古,到色日克达坂附近转向东南到康西瓦达坂,由沿带出露的增生体、岩片构成。此蛇绿混杂岩带多具蛇纹岩、蛇纹石化橄榄岩、橄辉岩、辉长岩、中基性火山岩、石英闪长岩、放射虫硅质岩、大理岩团块等。其中,硅质岩具晚石炭世—早二叠世的放射虫和海绵骨针,复理石中有大量石炭纪的放射虫化石群(方爱民等,2000),前人工作显示其可能为弧后盆地环境的 SSZ 型蛇绿岩(计文化等,2004)。

此外,在西昆仑柯岗地区也曾有蛇绿岩报道,我们在调查中发现其存在枕状火山岩和斜长花岗岩组合。该蛇绿岩中辉长岩锆石 U-Pb 测年结果为(488±2)Ma,被认为形成于岛弧或者弧前环境(黄朝阳等,2014)。

9. 东昆仑区

东昆仑地区蛇绿岩主要由祁曼塔格蛇绿构造混杂岩带和昆南增生杂岩带两个蛇绿构造混杂岩带构成。

祁曼塔格(东昆北带)蛇绿构造混杂岩带:位于柴达木陆块西南缘,西部与阿尔金造山带相接,南部与昆仑造山带相邻,主要包括黑山、鸭子泉十字沟蛇绿岩(张斌等,2014;陈隽璐等,2004;宋泰忠等,2010)。已有工作表明,祁曼塔格构造带中蛇绿岩的时代以晚泥盆世—早石炭世为主。鸭子泉硅质岩含早石炭世的放射虫(崔美慧等,2012),鸭子达坂辉长岩的锆石 LA-ICP-MS U-Pb 年龄为(421.5±2.2)Ma(Dong et al.,2019),黑山辉长岩的锆石 SHRIMP U-Pb 年龄为(486±6)Ma(Meng et al.,2013)。此构造混杂岩带出露的蛇绿岩多属 SSZ 型:鸭子泉一带存在钙碱性岛弧玄武岩(邓万明等,1995),鸭子达坂具弧后岩浆体系特征(Dong et al.,2019),黑山蛇绿岩、十字沟蛇绿岩也显示有弧后岩浆所兼具的 N-MORB 和 E-MORB 特征(王向利等,2010;于淼等,2017)。

昆南增生杂岩带:蛇绿岩残块主要沿朝阳沟-清水泉、木孜塔格-阿尼玛卿两条构造带出露,增生带中断续出露青春山、畅流沟和向阳泉蛇绿岩残块。

(1)朝阳沟-清水泉构造带(昆中断裂带),西起朝阳沟南,东经乱山子、阿其克湖、萨德尔塔格、吐木勒克一带,东至清水泉蛇绿岩。此构造带包括清水泉、塔妥、长石山、乌妥和阿其克库勒蛇绿岩,形成时代相对集中在 452~243Ma 和 537~436Ma 两个阶段(兰朝利等,2005;Dong et al.,2018)。其中,清水泉蛇绿岩的 LA-ICP-MS 或 SHRIMP 锆石测年数据跨度较大,具有相对年轻[(436±1.2)Ma]的 EMOR 型辉长岩(任军虎等,2009)及相对较老[(518±3)Ma]的 SSZ 型辉绿岩(杨经绥等,1996),桑继镇等(2016)又获得有(452±5)Ma 的辉长岩年龄。长石山辉绿岩、曲什昂辉绿岩、塔妥辉绿岩的锆石 LA-ICP-MS U-Pb 年龄分别为(509±6.8)Ma(冯建赟等,2010)、(504±5.5)Ma(魏博等,2015)和(505±2.3)Ma/(522±3.2)Ma(魏博等,2015;Dong et al.,2017)。此外,近年来在乌妥和阿其克库勒湖地区蛇绿岩中又分别发现有形成于(243±1.4)Ma(Dong et al.,2018)和(270.3±0.7)Ma 的辉绿岩(杨有生等,2018)。

(2)木孜塔格-阿尼玛卿构造带(昆南断裂带),西起阿尔金断裂,向东经木孜塔格、鲸鱼湖、布青山到阿尼玛卿山,在苏巴什、木孜塔格、布青山等地区有蛇绿岩出露。该带古生物化石工作表明,木孜塔格蛇绿岩中硅质岩具早石炭世放射虫化石(兰朝利,2001),布青山硅质岩块中也发现有早二叠世的放射虫化石(李卫东等,2003;张克信等,2004;边千韬等,1999),苏巴什蛇绿岩中也曾发现有早三叠世—中三叠世的放射虫化石(姜春发等,1992),这些蛇绿岩的同位素年龄分布在 535~260Ma 之间(Dong et al.,2018)。布青山得力斯坦沟和哈尔郭勒两处蛇绿岩中的辉长岩锆石同位素年龄分别为(516.4±6.3)Ma 和(332.8±3.1)Ma(刘战庆等,2011),德尔尼蛇绿岩 Ar-Ar 全岩年龄为 345Ma(陈亮等,2000,2001),二者为 MORB 型蛇绿岩。山西省地质调查院(1:25 万叶亦克幅区域地质调查报告,2003)认为苏巴什蛇绿混杂岩带中不仅存留有洋中脊环境形成的,也有一定数量与岛弧俯冲作用有关联。布青山地区的晚古生代蛇绿岩也有研究认为属于SSZ型。玛积雪山蛇绿岩中辉长岩形成时代为(535±10)Ma(李荣社等,2008),具有OIB型地球化学特征(郭安林等,2006)。

昆中、昆南断裂间也分布有青春山蛇绿岩、向阳沟蛇绿岩、新元古代畅流沟蛇绿岩(李卫东等,2003)和具(500.8±2.2)Ma辉长岩锆石年龄的没草山蛇绿岩(王国良等,2019)。综上所述,大量具不同构造属性的蛇绿岩块具有较长跨度的形成时代,可能代表了古生代昆仑洋及弧盆系多期次、多阶段的演化特征。

10. 阿尔金区

红柳沟-拉配泉蛇绿混杂岩带:西起若羌县红柳沟,向东经恰什坎萨依、拉配泉和石棉矿,最终到肃北半鄂博一带。西段红柳沟蛇绿混杂岩指由红柳沟到恰什坎萨依以东,包括红柳沟、贝克滩、冰沟、恰什坎萨依等地段;东段指由石棉矿到肃北半鄂博一带,包括青崖子、半果巴等蛇绿混杂岩。红柳沟-拉配泉蛇绿岩的锆石U-Pb年龄为521～448Ma(高晓锋等,2012;盖永升等,2015;张志诚等,2009),在沟口泉的辉橄岩、斜长岩、辉长岩和玄武岩中也存在1889～1818Ma的年代学信息(曹福根等,2014)。红柳沟-拉配泉蛇绿岩的成因类型多认为属SSZ型,也尚存有争议。

阿帕-茫崖(或称阿南)蛇绿混杂岩带:沿阿尔金断裂分布在阿中地块南缘,带内大量断续分布有规模不等的镁铁—超镁铁质岩体或岩石。在阿帕地区发育基性火山岩、枕状玄武岩和硅质岩,在茫崖地区发育大量由强烈蛇纹石化纯橄岩和方辉橄榄岩组成的、具铬铁矿化并盛产石棉的超基性岩。约马克素、清水泉镁铁—超镁铁岩的锆石LA-ICP-MS U-Pb年龄分别为(500.7±1.9)Ma(李向民等,2009)和(467.4±1.4)Ma(马中平等,2011),结合此带已完成的区域地质调查工作,可以认为该蛇绿岩形成于早古生代。

11. 北羌塘区

北羌塘地区主要位于青海省南部,包括了西金乌兰-金沙江和乌兰乌拉两个蛇绿混杂岩带。

西金乌兰-金沙江蛇绿混杂岩带为西金乌兰-金沙江缝合带或者金沙江缝合带的一部分,青海境内西起西金乌兰湖以西,向东经治多到玉树以东,包括甘孜-理塘结合带的西段和西金乌兰-金沙江结合带的西北段(潘桂棠等,2013)。构造带内具有金乌兰、巴音查乌马、多彩、隆宝和玉树等蛇绿岩,它们的放射虫时代主要为石炭纪—二叠纪和少量的三叠纪(朱迎堂等,2006),同位素锆石测年结果显示其多形成于晚二叠世—早中三叠世(刘彬等,2014)。其中,多彩蛇绿岩中堆晶辉长岩的锆石U-Pb年龄为(252.50±0.58)Ma,可能形成于弧前背景,是晚二叠世金沙江洋持续俯冲的产物(刘银等,2014)。

乌兰乌拉蛇绿混杂岩带是拜惹布错-乌兰乌拉-澜沧江晚古生代缝合带在青海境内的延伸,分布在乌兰乌拉湖—冈齐曲一带,由强烈剪切基质夹不同时代的构造岩块和蛇绿岩块组成。该蛇绿岩带中含石炭纪—二叠纪的放射虫且锆石测年结果在284～252Ma之间(王毅智等,2007),部分火山岩具有MORB型地球化学特征(李善平等,2010)。

二、西北地区典型高压—超高压变质岩

到目前为止,众多学者通过对超高压变质岩进行研究,在全球范围内识别出了20多条超高压变质带,在这些变质带中均发现了柯石英、金刚石或(和)其他超高压变质矿物、矿物组合,它们主要分布在欧洲阿尔卑斯造山带西段、中亚造山带和中国中央造山带,另外在欧洲加里东造山带、非洲等地也有零散分布。这些超高压变质地体的形成时代主要为显生宙,而且以早古生代加里东期形成的超高压地体数量最多。此外,高压变质岩系的出露更较为广泛。中国西北地区出露的主要高压—超高压岩系特点简要介绍如下。

(一)中亚造山带高压—超高压岩变质类

阿勒泰地区：在富蕴乌恰沟发现的基性角闪斜长二辉麻粒岩，矿物组合为斜长石＋紫苏辉石＋普通辉石＋角闪石＋黑云母＋石英(历子龙等,2004)，其形成年龄为$(279±5.6) \sim (268±5.8)$Ma(陈汉林等,2006)。

准噶尔地区：西准噶尔唐巴勒地区出露有高压蓝片岩，它们呈构造透镜体状产于唐巴勒蛇绿混杂岩中，内部包含钠长绿帘蓝闪片岩、含蓝闪石绿帘绿泥石片岩等，变质程度相当于绿帘蓝片岩相(张立飞,1997)。蓝片岩的$^{40}Ar-^{39}Ar$坪年龄为$(458.2±2.5)$Ma、$(470.2±2.3)$Ma(张立飞,1997)。在东准噶尔扎河坝蛇绿构造混杂岩带中含具超硅-超钛石榴子石的石榴辉石岩、含多硅白云母的石英菱镁岩和榴闪岩，在二辉橄榄岩的橄榄石中也存在磁铁矿定向出溶结构(牛贺才等,2007a,2007b)。其中，石英菱镁岩的多硅白云母$^{40}Ar-^{39}Ar$坪年龄为$(280.6±2.5)$Ma，被认为是石英菱镁岩的折返年龄(牛贺才等,2007b)。

中天山北缘：米什沟蛇绿混杂岩中发育有高压变质岩石——蓝闪石片岩(崔可锐等,1997；刘斌等,2003)。其中的高压变质矿物含青铝闪石，矿物组合为透闪石＋绿帘石＋黑硬绿泥石＋钠长石＋磷灰石＋石英＋青铝闪石(崔可锐等,1997)。高压变质阶段温度为$300 \sim 456℃$，压力为$0.45 \sim 0.71$GPa(刘斌等,2003)，可能对应于中天山北缘早古生代洋壳的俯冲作用。

南天山：此蛇绿构造混杂岩带也伴生有榴辉岩、蓝片岩及高压麻粒岩等高压—超高压变质岩类。长阿吾子蛇绿混杂岩的辉长岩已变质为阳起钠长片岩、蓝闪钠长片岩等(汤耀庆等,1995)。在阿克牙孜河上游地区发现有呈豆荚状、布丁状、薄层状或块体的蓝片岩和榴辉岩等。这些蓝片岩有两种类型：一种为榴辉岩退变质形成，发育片理并含大量钠长石；另一类为不发育片理、不含钠长石，但含绿帘石(Gao and klemd,2003)的变质岩组合，包括石榴多硅白云母蓝闪片岩、含绿帘石蓝闪石片岩、蓝闪钠长片岩、绿帘蓝片岩、蓝闪多硅云母石英片岩等(高俊等,1997)。榴辉岩曾经历硬柱石—蓝片岩相和绿帘石—蓝片岩相进变质作用，达到峰期榴辉岩相$(530±20℃,1.6 \sim 1.9$GPa$)$(Gao et al.,1999；张立飞等,2000)。长阿吾子地区榴辉岩、蓝片岩具不同阶段的峰期变质年龄，如长阿吾子榴辉岩的峰期变质$^{40}Ar-^{39}Ar$坪年龄为$(401±1)$Ma(高俊等,2000)、穿库什太蓝片岩峰期变质年龄为$(415.4±2.2)$Ma(高俊等,1994；汤耀庆等,1995)，表明南天山洋盆至少在中—晚志留世末就已经开始俯冲-消减并遭受高压变质作用。也有部分工作表明该地区榴辉岩和蓝片岩存在$370 \sim 344$Ma(肖序常等,1992；高俊等,2000；Gao and Klemd,2003；高俊等,2006)的峰期变质和(或)退变质年龄。

南天山南缘榆树沟超镁铁—镁铁质岩与相关沉积岩均普遍经历了早期麻粒岩相变质作用、角闪岩相退变质作用以及晚期浅层次脆韧性变形的改造。区内不仅发现有蓝闪石片岩和榴辉岩，榴辉岩的石榴子石变斑晶的中心也发现有柯石英假象(刘斌等,2003)。主要变质高压—超高压岩类有斜长石榴斜辉岩、具蓝晶石假象的夕线石榴斜长片麻岩等(王润三等,1998)。其中热峰期高压麻粒岩相变质阶段的共生矿物组合有石榴子石-单斜辉石-斜长石-楣石-钛铁矿±石英(镁铁质岩类)、石榴子石-蓝晶石假象-斜长石-金红石-钛铁矿+石英(变泥质岩类)、尖晶石-斜方辉石-单斜辉石-橄榄石(变超镁铁质岩类)。高压麻粒岩形成的温压条件为$795 \sim 964℃$和$0.97 \sim 1.42$GPa(相当于$40 \sim 50$km)，角闪岩相变质岩中角闪石$^{40}Ar-^{39}Ar$坪年龄为$(368.2±4.8)$Ma(王润三等,1998)。

西南天山地区：Zhang等(2002a)依据榴辉岩中的柯石英假象和绿辉石岩中石英出溶条纹以及变质成因的菱镁矿，提出西南天山榴辉岩经历了超高压变质作用。该地区超高压变质作用存在的主要证据有：①巨型块状榴辉岩体中石榴子石具有柯石英假象(Zhang et al.,2002)及邻近榴辉岩中巨晶绿辉石的柯石英出熔条纹(Zhang et al.,2005)；②哈布腾苏一带云母片岩中的柯石英包体和假象(Lü et al.,

2008；Wei et al.，2009），榴辉岩中的柯石英（Lü et al.，2009）；③阿坦塔依河入口处榴辉岩中的柯石英（吕增和张立飞，2014；Lü et al.，2012a）和阿坦塔依河上游钠长云母片岩的柯石英（吕增和张立飞，2014）；④科普尔特河入口处石榴云母片岩中的柯石英（Yang et al.，2013）。目前，一般认为西南天山超高压峰期变质时代约为320Ma，主要依据张立飞等（2013）获得的石榴多硅白云母片岩中的锆石U-Pb同位素年龄为（320±3.7）Ma，该变质锆石含有多硅白云母和金红石，且该年龄与超高压变质榴辉岩中石榴子石-绿辉石的Lu/Hf等时线年龄（326.9±1.3）Ma一致（Zhang et al.，2009）。

塔里木阿克苏地区：阿克苏地区发育蓝片岩中的钠质角闪石普遍具有成分环带（肖序常等，1992；姜文波等，2001），并且在变质磁铁石英岩中发现有迪尔闪石（张立飞等，1998）。其中蓝闪石$^{40}Ar-^{39}Ar$坪年龄为（862±1）Ma，青铝闪石的$^{40}Ar-^{39}Ar$坪年龄为（872±2）Ma（Chen et al.，2004），表明柯坪地区在新元古代存在板块构造体制（沈其韩等，2012）。

（二）中央造山带高压-超高压变质岩系

北秦岭地区：高压变质岩主要出露在商南松树沟一带，出露有高压基性麻粒岩、长英质高压麻粒岩（刘良和周鼎武，1994；刘良等，1995，1996）和榴闪岩（Chen et al.，1993；杨勇等，1994），以及清油河一带的高压—超高压变质岩（杨经绥等，2002；刘良等，2003；Cheng et al.，2011）。Liu等（2003）在松树沟长英质高压麻粒岩的石榴子石中发现丰富的金红石+石英+磷灰石棒状出溶物，指示该石榴子石出溶前为超硅石榴子石，暗示其曾经历过超高压变质作用。同位素测年结果显示，松树沟退变质榴辉岩的榴辉岩相变质年龄为（500±8）Ma，榴辉岩原岩结晶年龄为（796±16）Ma（陈丹玲等，2015）。Wang等（2014）在北秦岭清油河退变质榴辉岩的石榴子石中发现残留的绿辉石包体以及呈残斑状产出的多硅白云母的Si值为3.34～3.35，一致表明该岩石早期曾经历过榴辉岩相变质。宫相宽等（2016）在丹凤大寺沟秦岭岩群的斜长角闪岩透镜体的锆石包裹体中发现了柯石英、绿辉石、石榴子石和金红石等多种矿物包裹体。其榴辉岩相变质年龄为（493±5）Ma，麻粒岩相退变质年龄为（448±4）Ma（王亚伟等，2016）。Yang等（2003，2005）在河南卢氏县官坡-狮子坪地区发现含金刚石副片麻岩和榴辉岩构造透镜体。总体来看，北秦岭地区高压—超高压变质岩带的峰期变质时代为518～485Ma（杨经绥等，2002；刘良等，2003；陈丹玲等，2004，2011；张建新等，2009；Liu et al.，2010；Cheng et al.，2011，2012），退变质时代有两期，分别为453～445Ma和426～418Ma。

南秦岭地区：勉县、略阳和宁强等地也陆续发现蓝片岩，所存的标志性高压矿物为青铝闪石（为主）、蓝闪石、镁钠闪石、冻蓝闪石-蓝透闪石、黑硬绿泥石、多硅白云母、红帘石等（沈其韩等，2012）。

北祁连地区：北祁连九个泉蛇绿岩的南侧发育一条低级蓝片岩带，主要由强片理化硬柱石-绿纤石-蓝闪石片岩和弱片理化的硬柱石-蓝闪石岩组成，部分蓝片岩保持了玄武岩原岩的结构（吴汉泉等，1980）。其蓝闪石$^{40}Ar-^{39}Ar$坪年龄为417Ma，形成的温压条件为320～375℃和0.75～0.95GPa（Zhang et al.，2009）。在百经寺到野牛沟一带，也存在蓝片岩-榴辉岩，被认为是北祁连早古生代大洋俯冲闭合时的产物。榴辉岩峰期变质的温压条件为460～510℃和2.20～2.60GPa（Song et al.，2007；Wei et al.，2009）。测年结果显示，榴辉岩原岩年龄为（502±11）Ma（Zhang et al.，2007），变质年龄介于489～463Ma之间（宋述光等，2004；Zhang et al.，2007）。区内发现的蓝片岩主要包括石榴子石-绿辉石-绿帘石-蓝闪石云母片岩、石榴子石-硬绿泥石-蓝闪石云母片岩以及石榴子石-镁纤柱石-硬绿泥石-多硅白云母-蓝闪石片岩，峰期变质的温压条件为520～580℃和2.1～2.50GPa（Song et al.，2007；于孝宁等，2009）。

柴北缘地区：已有研究成果认为柴北缘为一条古生代的高压—超高压变质带（Chen et al.，2009；Song et al.，2009）。柴北缘超高压变质岩以榴辉岩、石榴子石橄榄岩和各种片麻岩为主体，榴辉岩和石榴子石橄榄岩呈透镜状或夹层状产于围岩片麻岩中,自西向东出露于鱼卡河、绿梁山(胜利口)、锡铁山和都兰地区(Zhang et al.,2008)。区内榴辉岩多呈透镜状分布在鱼卡河、锡铁山与都兰县境的野马滩和沙柳河等地的片麻岩中,石榴子石橄榄岩仅在大柴旦的胜利口发现。柴北缘地区超高压变质岩石典型特征主要有:①鱼卡河两类榴辉岩中的含多硅白云母榴辉岩的石榴子石中保存有柯石英包裹体;②绿梁山(胜利口)出露的石榴二辉橄榄岩温压条件最初被估算为(2.5 ± 0.3)GPa、(850 ± 60)℃(杨建军等,1994),被认为是超高压岩石,Song等(2005)在柴北缘石榴子石橄榄岩的石榴子石中又发现大量钠质闪石的出溶片晶与金红石等共生或连生,在锆石中也发现有金刚石包体;③张聪等(2009)在锡铁山的双矿物榴辉岩的绿辉石中发现多晶石英包裹体,认为是早期柯石英减压退变质的产物;④都兰沙柳河(南带)榴辉岩的石榴子石、绿辉石以及锆石中保存大量完好的柯石英包裹体,在野马滩榴辉岩的石榴子石和泥质片麻岩的锆石中均保存有柯石英假象(Song et al.,2003)。大量锆石同位素定年结果表明,超高压榴辉岩原岩的形成年龄有两组:一组介于 850~700Ma 之间(Song et al.,2010),一组为 516Ma(Zhang et al.,2009)。

南阿尔金地区:自刘良等(1996)在阿尔金南缘西段且末县江嘎孜萨依地区率先发现榴辉岩以来,沿此构造带逐步发现了若干南阿尔金的超高压变质岩石。阿尔金造山带南缘的高压—超高压变质岩石主要分布在江嘎孜萨依、清水泉和英格萨利莎依-巴什瓦克地区(张建新等,2007;刘良等,2009)。已确定的超高压岩石主要有榴辉岩、含蓝晶石石榴子石泥质片麻岩、含菱镁矿的石榴二辉橄榄岩、含钾长石的石榴子石辉石岩和含石榴子石花岗质片麻岩 5 种类型,它们均呈透镜体状分布在区域花岗质片麻岩或副变质片麻岩或大理岩之中(刘良等,2009)。南阿尔金超高压变质的证据主要有:①江嘎孜萨依榴辉岩中石榴子石和绿辉石内部具有炸裂纹结构的多晶石英集合体,暗示其为柯石英退变质的产物(张建新等,2002;Chen et al.,2003;Liu et al.,2012);②在江嘎孜萨依榴辉岩中首次发现了超高压变质的标志性矿物柯石英;③江嘎孜萨依榴辉岩中绿辉石中出溶石英棒状体(Liu et al.,2012)、金红石中出溶钛铁矿及含有多晶石英棒状体代表的斯石英副象,片麻岩中先存斯石英,含蓝晶石石榴子石泥质片麻岩中发现石英富含定向排列的蓝晶石+尖晶石棒状体等;④英格利萨依含菱镁矿石榴子石二辉橄榄岩中的石榴子石出溶单斜辉石(Cpx)+金红石(Ru)棒状体以及单斜辉石+菱镁矿→斜方辉石+白云石变质反应,钾长石石榴子石辉石岩中的石榴子石内部出溶 Cpx+Ru 棒状体,以及英格利萨依含石榴子石花岗质片麻岩内的楣石沿两个方向出溶角闪石(Amp)+斜长石(Pl)棒状体;⑤含石榴子石花岗质片麻岩内的石榴子石可见具胀裂纹结构的多晶石英集合体,可能为先期柯石英的假象(曹玉亭,2013)。江嘎孜萨依榴辉岩、巴什瓦克含假蓝晶石长英质麻粒岩、清水泉含蓝晶石石榴子石云母片麻岩的锆石 U-Pb 同位素年龄分别为(493 ± 4.3)Ma(刘良等,2007)、(497 ± 1)Ma(Zhang et al.,2005)和(486 ± 5)Ma(车自成等,1995)。此外,在北阿尔金地区也有少量榴辉岩和蓝片岩类,主要包括含硬柱石榴辉岩和蓝片岩等(张建新等,2007)。区内高压泥质岩的峰期变质条件 $T=550$℃左右,$P=1.4\sim2.0$GPa(刘良等,1999),榴辉岩的峰期变质温压条件为 430~540℃和 2.0~2.3GPa(张建新等,2007)。张建新等(2007)曾获得北阿尔金构造带西段榴辉岩多硅白云母和蓝片岩钠云母的$^{40}Ar-^{39}Ar$坪年龄分别为(512 ± 3)Ma 和(491 ± 3)Ma。

东昆仑地区:东昆仑造山带位于青藏高原北缘和柴达木南缘,从温泉到夏日哈木存在一条长约 500km 的含榴辉岩的高压变质带。东昆仑榴辉岩沿昆中断裂分布在昆中地块中,自西向东依次出露于夏日哈木-苏海图、大格勒、宗加、加当、浪木日上游和温泉等地。这些榴辉岩呈透镜体分布于古元古代金水口岩群中,部分经退变质作用形成榴闪岩。1:25 万布伦台-大灶火地区区域地质调查在东昆仑西段昆中断裂北侧的变质基底中发现有"白眼圈"结构,其榴辉岩相变质温压条件为 660~700℃和 2.0GPa,榴闪岩相退变质温压条件为 550℃和 0.7GPa。温泉、夏日哈木、尕日当、大格勒沟榴辉岩测定的变质年龄分别为(428±2)Ma(Meng et al.,2013)、(410.9±1.6)Ma(祁生胜等,2014)、(432.1±4.5)Ma(祁晓鹏等,2016)、(450.1±4.1)Ma(熊富浩等,2016),加当榴闪岩存在(440±13)Ma 的峰期变质年龄(国显正等,2018)。这些东昆仑榴辉岩变质时代与东昆仑原特提斯洋构造演化密切相关。

西昆仑地区:塔什库尔干地区康西瓦构造带北侧的中元古代地层中发现有高压麻粒岩,变质矿物具蓝晶石+石榴子石+钾长石组合,具石榴子石"白眼圈"结构(曲军峰等,2007)。进一步的岩石学工作表明,塔什库尔干高压麻粒岩相峰期变质的温压条件高于850℃及1.4GPa,退变质的温压条件约为650℃和0.6GPa(曲军峰等,2007)。其存在(184.1±3.5)Ma 和(166.0±4.0)Ma 两期 SHRIMP 锆石同位素年龄,且高压麻粒岩相峰期变质年龄应在200～185Ma 之间(曲军峰等,2021)。

第五节 构 造

西北地区经历地质历史上长期的构造演化,形成复杂多样的地质地貌景观及多种矿产资源。尽管地质学家们对西北地区地质构造进行了多方面细致研究,形成各种不同的学说及观点。但各家对一些重大问题依然悬而未决,争论不休。如,秦祁昆早古生代洋盆体系属于特提斯构造域还是古亚洲构造域,或许属于过渡陆链;阿拉善陆块与华北陆块关系;松潘-甘孜三叠纪巨厚层沉积岩基底是洋壳还是陆壳基底;古亚洲洋最后闭合位置及时限等。

中国西北部大地构造图(1∶2 000 000)与中国西北地质图(1∶1 000 000)属于系列图件,因此,详细的中国西北构造单元划分及其特征见《中国西北部大地构造图(1∶2 000 000)及说明书》(冯益民等,2022)。本节简略介绍构造单元划分及构造演化阶段。

一、西北地区地质构造单元划分和命名原则

1. 划分原则

以板块构造和地球动力学为理论基础,体现超大陆裂离→多陆块洋盆→多岛洋→新的超大陆重组是本次大地构造单元划分的具体指导思想,以大地构造相为物质基础,进行构造单元划分。

一级构造单元:大型陆块(群)(克拉通);多岛洋(多岛弧盆系洋盆);演化时间长、规模大、结构复杂的分割陆块群和多岛弧盆系的俯冲增生杂岩带

二级构造单元:多岛弧盆系洋盆中的地块及其周缘;秦祁昆加里东造山系和北羌塘多岛弧盆系洋盆之间相当规模的俯冲杂岩带。

三级构造单元:地块与陆块之间的碰撞带以及地块周缘的弧-弧碰撞带划归地块周缘的三级单元,如岛弧、弧后盆地、裂谷等。

2. 大地构造单元命名原则

一般命名的原则:地理名称+构造属性名称;一级、二级单元不加地质时代代号,三级单元加地质时代代号,并置于括号内。

二、大地构造单元划分

按照上述划分、命名原则,将中国西北地区划分为6个一级单元、30个二级单元和118个三级单元(图2-1)。

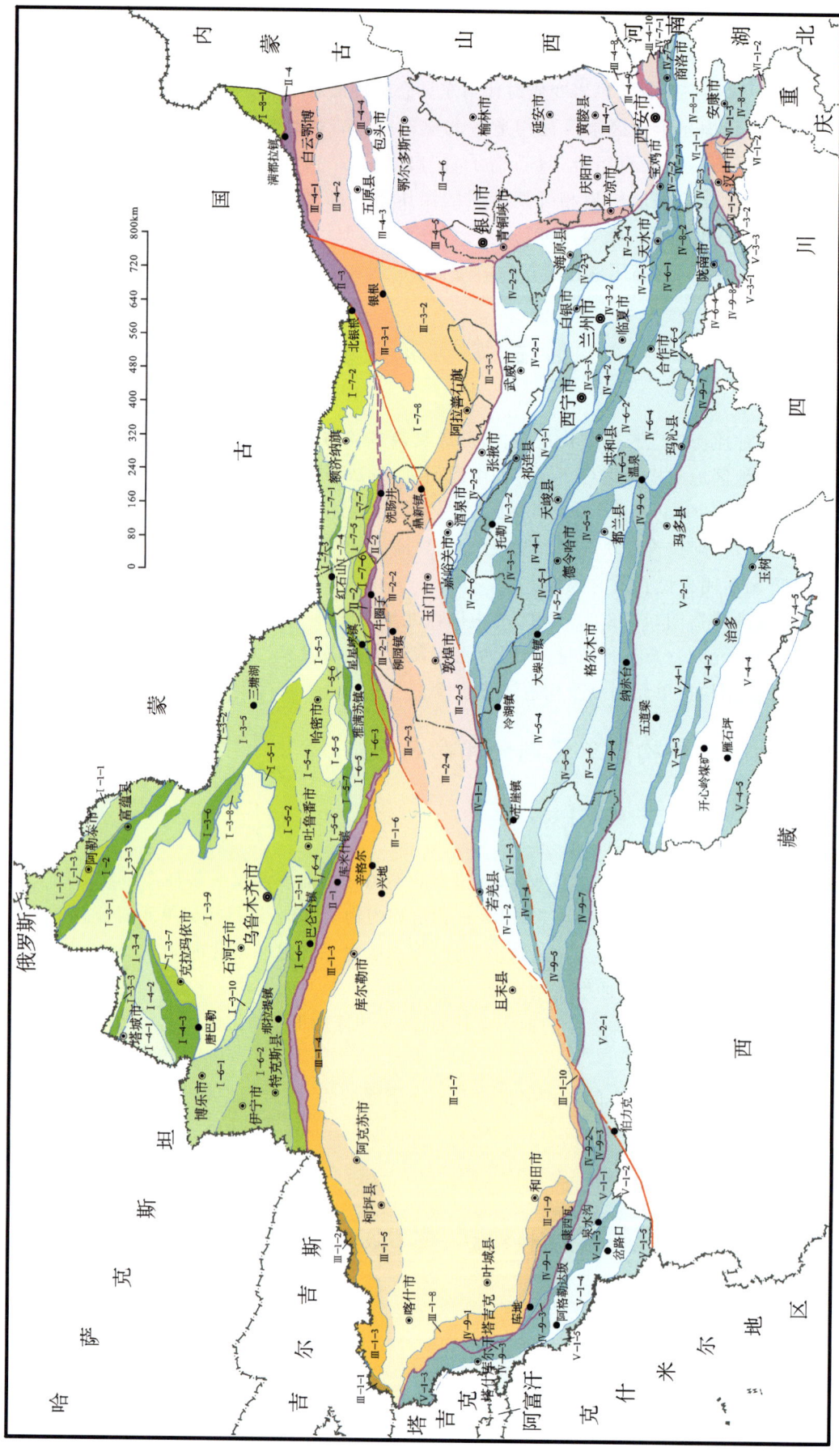

图 2-1 中国西北部大地构造单元划分图（冯益民等，2022）

Ⅰ 天山-兴蒙多岛弧盆系

Ⅰ-1 阿尔泰地块及其南部陆缘

    Ⅰ-1-1 红石山弧后盆地(D_3C_1)

    Ⅰ-1-2 喀纳斯-青河被动陆缘($Z\epsilon$)+弧后盆地(OS)

    Ⅰ-1-3 阿尔泰地块南缘陆缘弧(D)

Ⅰ-2 额尔齐斯弧-弧碰撞带(DC)

Ⅰ-3 准噶尔地块及其周边陆缘

    Ⅰ-3-1 北准噶尔岛弧(D_{1-2})+滞后弧(D_3C_1)

    Ⅰ-3-2 北塔山岛弧(D_{1-2})+洋内弧(D_2)

    Ⅰ-3-3 塔尔巴哈台-洪古勒楞-阿尔曼泰弧-弧碰撞带(ϵO)

    Ⅰ-3-4 谢米斯台岛弧(S_{1-2},D_{2-3})

    Ⅰ-3-5 库兰喀孜干-三塘湖岛弧及弧后盆地(D)+滞后弧(D_3C_1)

    Ⅰ-3-6 卡拉麦里弧-陆碰撞带(DC_1)

    Ⅰ-3-7 克拉玛依陆缘弧(C)

    Ⅰ-3-8 将军庙被动陆缘(SC_1)

    Ⅰ-3-9 准噶尔压陷盆地(PQ)

    Ⅰ-3-10 巴音沟弧-陆碰撞带(D_2,C)

    Ⅰ-3-11 依连哈比尔尕山岛弧(D_2)

Ⅰ-4 塔城地块及其周边陆缘

    Ⅰ-4-1 塔城弧后盆地(DC_1)

    Ⅰ-4-2 巴尔鲁克山岛弧(DC_1)

    Ⅰ-4-3 西准噶尔弧-弧碰撞带(ϵS,DC_1)

Ⅰ-5 吐哈地块及其周边陆缘

    Ⅰ-5-1 七角井后造山裂谷(CP_1)

    Ⅰ-5-2 博格达弧后裂谷(CP_1)

    Ⅰ-5-3 哈尔里克山复合岛弧(O_3,D_{1-2},C)

    Ⅰ-5-4 吐哈压陷盆地(P_2Q)

    Ⅰ-5-5 卡拉塔格复合岛弧(O_3,D_{1-2})

    Ⅰ-5-6 小热泉子-梧桐窝子岛弧(C)

    Ⅰ-5-7 康古尔塔格弧-弧碰撞带(C)

Ⅰ-6 伊犁-中天山地块及其周边陆缘

    Ⅰ-6-1 博罗科努被动陆缘(Pt_3^2O)+弧后盆地(C)

    Ⅰ-6-2 大哈拉军山陆缘弧(C)

    Ⅰ-6-3 中天山复合岩浆弧(Pt_3C)

    Ⅰ-6-4 冰大坂-米什沟弧-陆碰撞带(O_3)

    Ⅰ-6-5 雅满苏陆缘弧(C)

Ⅰ-7 明水-旱山地块及其周边陆缘

    Ⅰ-7-1 雀儿山复合岛弧(D,C)

    Ⅰ-7-2 杭乌拉复合岛弧(D,C)

    Ⅰ-7-3 红石山弧-弧碰撞带(C)

- Ⅰ-7-4 白山泉-黑鹰山陆缘弧(C)
- Ⅰ-7-5 明水-旱山复合岩浆弧(Pt_3,C)
- Ⅰ-7-6 马鬃山-公婆泉岛弧(OS)
- Ⅰ-7-7 小黄山弧后裂谷(O_3)
- Ⅰ-7-8 额济纳内陆盆地(Pt_3^2)

Ⅰ-8 锡林浩特地块及其周边陆缘
- Ⅰ-8-1 查干诺尔岛弧(C_2P)+残留海盆(P_{2-3})(扎兰屯-多宝山复合岛弧西端)

Ⅱ 南天山-西拉木伦巨型缝合带
- Ⅱ-1 南天山北缘缝合带(Pt_3D)
- Ⅱ-2 红柳河-洗肠井缝合带(Pz_1OS)
- Ⅱ-3 恩格尔乌苏缝合带(P_1)
- Ⅱ-4 索伦山缝合带($\in$,P_1)

Ⅲ 中轴大陆块区

Ⅲ-1 塔里木陆块
- Ⅲ-1-1 吉根陆缘小洋盆(D_2)
- Ⅲ-1-2 阔克萨勒岭陆缘小洋盆(D_{1-2})
- Ⅲ-1-3 南天山被动陆缘(O_3,S_2D)+后造山伸展盆地(CP_2)
- Ⅲ-1-4 铁力买提陆缘小洋盆(S_3D_1)
- Ⅲ-1-5 柯坪大陆裂谷(Pt_3^2Z)+陆棚海盆地($\in P_2$)
- Ⅲ-1-6 库鲁克塔格大陆裂谷(Pt_3^2Z)+陆棚海盆地($\in D$)
- Ⅲ-1-7 塔里木压陷盆地(P_3Q)
- Ⅲ-1-8 塔西南陆缘裂谷(D_3P_2)
- Ⅲ-1-9 铁克里克大陆裂谷(Pt_3^2)
- Ⅲ-1-10 卡拉塔什-库雅克陆缘裂谷(CP_{1-2})

Ⅲ-2 敦煌陆块
- Ⅲ-2-1 罗雅楚山被动陆缘(Pt_3^2O)+前陆盆地(SD_2)
- Ⅲ-2-2 辉铜山陆缘裂谷(O)
- Ⅲ-2-3 笔架山-红柳园后造山裂谷(CP)
- Ⅲ-2-4 敦煌走滑拉分盆地(N_2Q)
- Ⅲ-2-5 阿克塞-玉门基底变质隆起带(Ar_3Pt_1)

Ⅲ-3 阿拉善陆块
- Ⅲ-3-1 巴丹吉林弧后盆地(C_2P)
- Ⅲ-3-2 阿右旗-杭乌拉山复合岩浆岩带(Pt_2,S,DP,TJ)
- Ⅲ-3-3 龙首山基底隆起带(Ar_3Pt_1)+陆棚海(Pt_3^2Z)

Ⅲ-4 鄂尔多斯陆块
- Ⅲ-4-1 巴音敖包-达尔汗复合弧后盆地(O_{1-2},D_1,C_2P_1)
- Ⅲ-4-2 阴山-白云鄂博裂谷(Pt_2^1 Pt_3^1)
- Ⅲ-4-3 河套断陷盆地(E_3Q)
- Ⅲ-4-4 大青山基底隆起(Ar_3Pt_1)
- Ⅲ-4-5 贺兰山陆棚海盆地(ZO)+陆表海盆地(C_2P_1)

Ⅲ-4-6 鄂尔多斯内陆盆地(PT_2)+压陷盆地(T_3Q)

Ⅲ-4-7 渭北陆棚海盆地($\in O$)

Ⅲ-4-8 渭河断陷盆地(E_2Q)

Ⅲ-4-9 太华基底隆起(Ar)

Ⅲ-4-10 洛南-栾川陆棚海盆地($Pt_2^1 Pt_3^1, ZO$)

Ⅳ 秦祁昆多岛弧盆系

  Ⅳ-1 阿中地块及其周边陆缘

    Ⅳ-1-1 红柳沟-拉配泉弧-陆碰撞带($\in O$)

    Ⅳ-1-2 阿中地块北部裂谷(Pt_2^1, Pt_3^1)

    Ⅳ-1-3 江嘎孜莎依超高压变质岩带($Pt_3 Pz_1$)

    Ⅳ-1-4 阿帕-茫崖弧-陆碰撞带(Pz_1)

  Ⅳ-2 阿拉善陆块南部活动陆缘

    Ⅳ-2-1 走廊弧后盆地($\in O$)+前陆盆地(S)

    Ⅳ-2-2 香山深海斜坡($\in O$)

    Ⅳ-2-3 乌鞘岭-老虎山弧后洋盆(O_{2-3})

    Ⅳ-2-4 走廊南山东段清水岛弧(ZO)

    Ⅳ-2-5 昌马-九个泉-寺大隆岛弧(O)+洋内弧(O_{1-2})+弧后(间)洋盆(O_{1-2})

    Ⅳ-2-6 北祁连弧-陆碰撞带(Pz_1)

  Ⅳ-3 中祁连地块及其周边陆缘

    Ⅳ-3-1 冰沟-达坂山北坡陆缘弧($\in_2 O$)+陆缘小洋盆(O)

    Ⅳ-3-2 中祁连陆表海($D_3 T_2$)

    Ⅳ-3-3 党河南山-拉脊山-雾宿山弧间小洋盆(Pz_1)

  Ⅳ-4 南祁连地块

    Ⅳ-4-1 南祁连前陆盆地(S)+陆表海盆地(PT_2)

    Ⅳ-4-2 化隆基底隆起带($Ar_3 Pt_1$)

  Ⅳ-5 柴达木地块及其周边陆缘

    Ⅳ-5-1 宗务隆山弧后小洋盆(CP_2)

    Ⅳ-5-2 欧龙布鲁克微陆块(Pt_1基底+$Pt_3^2 O$盖层)

    Ⅳ-5-3 柴北缘弧陆碰撞带($\in S$)

    Ⅳ-5-4 柴达木压陷盆地($E_3 Q$)

    Ⅳ-5-5 祁曼塔格岛弧及弧后盆地(OS)

    Ⅳ-5-6 东昆中复合岩浆弧(Pt_3、Pz_1、CT)

  Ⅳ-6 西秦岭联合地块(由吴家山地块、鄂拉山地块、西倾山隐伏地块构成)

    Ⅳ-6-1 贵德-礼县一带弧后伸展盆地($D_2 T_2$)

    Ⅳ-6-2 青海湖南山-甘加弧后洋盆(CP_2)

    Ⅳ-6-3 鄂拉山弧后裂谷(CP_2)

    Ⅳ-6-4 西秦岭前陆盆地(T_{1-2})

    Ⅳ-6-5 白龙江陆缘裂谷($O_3 S$)+弧后伸展盆地(DT_1)

  Ⅳ-7 秦岭地块及其南北两侧陆缘

    Ⅳ-7-1 斜峪关-二郎坪弧后盆地(Pt_{1-2})+弧-陆碰撞带(Pz_1)

Ⅳ-7-2　秦岭地块(Pt_1)

Ⅳ-7-3　商丹弧-陆碰撞带(Pt_3O)

Ⅳ-8　中南秦岭陆缘（上扬子北部陆缘）

Ⅳ-8-1　中南秦岭被动陆缘(Pt_3^2S)＋弧后伸展盆地(DT_2)

Ⅳ-8-2　留凤关前陆盆地(T_{1-2})

Ⅳ-8-3　白水江镇-窑坪陆缘裂谷(OS)

Ⅳ-8-4　北大巴山裂谷(Pt_{2-3})＋陆缘裂谷($\in S$)

Ⅳ-9　昆仑-阿尼玛卿-勉略弧盆系间结合带

Ⅳ-9-1　库地-其曼于特弧-弧碰撞带(ZO)

Ⅳ-9-2　西昆仑东段分水岭岛弧(C)

Ⅳ-9-3　康西瓦-苏巴什弧-陆碰撞带(CP)

Ⅳ-9-4　纳赤台-布尔汗布达山弧-陆碰撞带(OS)

Ⅳ-9-5　东昆仑西段阿克塔格-落雁山弧后盆地(CP_2)

Ⅳ-9-6　温泉水库-醉马滩弧后盆地(CP_2)＋弧背盆地(P_3)

Ⅳ-9-7　木孜塔格-阿尼玛卿弧-陆碰撞带(CP)

Ⅳ-9-8　勉略弧-陆碰撞带(DC)

Ⅴ　北羌塘多岛弧盆系

Ⅴ-1　甜水海地块

Ⅴ-1-1　大红柳滩-胜利达坂弧后盆地(P)

Ⅴ-1-2　泉水沟前陆盆地(T)

Ⅴ-1-3　达布达尔-麻扎前陆盆地(S_1)

Ⅴ-1-4　阿格勒达坂-神仙湾-岔路口陆棚海盆地($\in O, D_2P$)＋陆缘裂谷(P_{1-2})

Ⅴ-1-5　喀喇昆仑山前陆盆地(T_{1-2})

Ⅴ-2　巴颜喀拉地块

Ⅴ-2-1　黄羊岭-巴颜喀拉弧后盆地(CT_a)＋前陆盆地(T_b)

Ⅴ-3　碧口地块

Ⅴ-3-1　秧田坝弧后盆地(Pt_3^1)

Ⅴ-3-2　碧口岛弧(Pt_3^1)

Ⅴ-3-3　桅杆梁弧-陆碰撞带(Pt_3^1)

Ⅴ-4　北羌塘地块

Ⅴ-4-1　西金乌兰-玉树弧-陆碰撞带(D_2T)

Ⅴ-4-2　明镜湖-下拉秀陆缘弧(T_3)

Ⅴ-4-3　八五道班弧后洋盆(CP_2)

Ⅴ-4-4　北羌塘双向弧后盆地(CP)＋前陆盆地(J)

Ⅴ-4-5　格拉丹东岩浆弧(TJ)

Ⅵ　扬子陆块区

Ⅵ-1　上扬子陆块（汉南部分）

Ⅵ-1-1　汉南岩浆弧＋岛弧(Pt_3)

Ⅵ-1-2　上扬子陆棚海盆地($Pt_3^2S_1, PT_2$)

Ⅵ-1-3　高川上陆棚斜坡(D_3T_2)

三、大地构造演化

地球已有46亿年的历史,大陆地壳是地球特有的特征。目前关于大陆地壳的起源主要有大陆起源于板块构造体制的岛弧、地幔柱体制下的洋底高原两种学说。一般多认为,原始地壳是经历岩浆海的冷却、地幔反转、超级地幔柱等过程而形成,地球早期没有板块俯冲。在33亿~30亿年前地球上存在大洋板块俯冲作用(孙卫东等,2021),随着板块俯冲作用的开始,大陆地壳体积不断增加,大陆地壳的成分也由原来的基性成分开始向中酸性成分演变(孙卫东等,2021)。到22亿~21亿年持续性板块俯冲作用开始,早期板块构造格局形成(Cawood,2020;Liu et al.,2019)。

Cawood(2020)将板块构造划分为中太古代以前的前板块构造阶段、中—新太古代的过渡阶段、古—中元古代的早期板块构造阶段及新元古代以来的现代板块构造阶段。前板块构造阶段以滞留盖型构造为主,板块俯冲作用少见,过渡阶段兼具滞留盖型构造和间歇性的板块俯冲作用,早期板块构造以持续的板块俯冲作用为特征,板块可以发生大规模水平方向的运动,岩石圈演化进入到超大陆循环阶段(从Columbia超大陆聚合到Rodinia超大陆裂解)(孙卫东等,2021)。

中国西北地区与世界其他地区一样,大陆地壳经历了漫长而复杂的演化,地质历史久远,经受后期的多次构造改造,南华纪及以前地质记录残缺不全。有确切板块俯冲作用记录的是距今10亿年左右秦岭松树沟、勉略多陆块多洋岛构造体系,新元古代晚期—早古生代为西北地区多岛弧系大洋演化鼎盛期。下面简要介绍中国西北地区大地构造演化,要详细了解西北地区大地构造演化参见《中国西北部大地构造图(1∶2 000 000)及说明书》(冯益民等,2022)。

(一)大陆地壳早期演化阶段

该期包括陆核形成和汇聚以及早期超大陆重组两个亚阶段。

陆核(continental nucleus)是大陆地壳形成过程中最早阶段形成的硅铝质块体,此后大陆地壳围绕其生长,故称之为陆核。目前国内外地学界将其形成年龄界定在2700Ma以前。表征陆核的物质是孔兹岩系。

新疆库鲁克塔格地区达格拉克布拉克杂岩中斜长角闪岩Sm-Nd等时线年龄为3263Ma(Hu et al.,1992)。阿尔金花岗质片麻岩锆石U-Pb年龄为(3605±43)Ma(李惠民等,2001),欧龙布鲁克察汗河一带的表壳岩石组合Sm-Nd同位素年龄为3456Ma(张雪亭等,2007);勉略构造带中鱼洞子岩群形成年龄为2700~2600Ma。太华岩群中TTG片麻岩年龄为2902~2723Ma(第五春荣等,2018)。

此外,还有冥古宙—始太古代捕获锆石或碎屑锆石年龄,如北秦岭奥陶系草滩沟群火山岩中(4097±5)Ma的捕获锆石(王洪亮等,2008),河西走廊泥盆系中宁组砂岩中碎屑锆石发现(3891±17)Ma和(4022±16)Ma的年代学信息(袁伟等,2012),东准噶尔阿尔曼泰蛇绿混杂岩沉积岩岩块中发现4.04Ga的碎屑锆石(黄岗等,2013)等。这些都可能代表了西北地区在塔里木、柴达木、阿尔金及上扬子出现了稍具规模的陆核及一些陆核残片。

在阿拉善右旗地区发育2.55~2.51Ga的花岗闪长片麻岩(宫江华等,2012;Zhang et al.,2013);阴山固阳TTG和GMS(Granite+Monzonite+Sienite)同位素年龄集中在2550~2480Ma之间,属于典型的古侵入弧岩浆岩组合;陆松年等(2017)研究认为色尔腾山岩群是一套与古大洋俯冲作用相关的弧岩浆岩组合,其中包含科马提岩、高镁安山岩、富铌玄武岩等特征的指相岩石,说明存在板块俯冲作用,可能代表西北地区早期的板块构造运动。

华北陆块古元古界滹沱群与新太古界五台岩群的不整合,古元古界铁铜沟组与太华岩群之间的不整合,以及塔里木陆块北缘库鲁克塔格地区兴地塔格群与达格拉克布拉克杂岩之间的不整合,表明在古元古代曾经历过聚合事件,Columbia 超大陆形成。

(二)Columbia 超大陆裂离和 Rodinia 超大陆形成阶段

长城纪沉积-火山岩系显示伸张裂解背景,以塔里木柯坪一带阿克苏岩群具有蛇绿岩性质、伊宁地块南部特克斯群、祁连地块东部的兴隆山群和皋兰群、华北陆块南缘熊耳群三岔裂谷带、北秦岭宽坪岩群具有岛弧和蛇绿岩性质的基性火山岩等为代表,与这一构造岩浆事件相关的火山岩或火山-沉积建造有的具有双峰式火山岩特征。

秦岭松树沟蛇绿岩形成于距今 10 亿年(董云鹏等,1997;陆松年等,2004),勉略蛇绿岩形成于距今 9 亿年左右(李曙光等,1996;闫全人等,2007;徐学义等,2014)。北秦岭发育$(955.5±8.4)$~$(852±2)$Ma(Chen et al.,2006;陈隽璐等,2007)俯冲-碰撞型花岗岩;上扬子发育$(825.5±4)$Ma 辉长苏长岩、868Ma 花岗闪长岩、776Ma 钾长花岗岩等(徐学义等,2014),汉南白玉角闪石英闪长岩的锆石 Pb-Pb 年龄为$(942±4.1)$~$(872±11)$Ma(陕西省地质调查院,2008);碧口地块发育 881~815Ma 辉石闪长岩-花岗闪长岩-二长花岗岩,这期岩浆事件在库鲁克塔格、阿尔金、南天山构造带等均有表现。值得关注的是,在新疆阿克苏柯坪发育蓝闪石片岩。对蓝闪石片岩中的多硅白云母进行单矿物 K-Ar 测年获得 719Ma 和 720Ma(Liou et al.,1991),蓝闪石$^{40}Ar-^{39}Ar$ 坪年龄为$(862±1)$Ma,青铝闪石的$^{40}Ar-^{39}Ar$ 坪年龄为$(872±2)$Ma(Chen et al.,2004)。由此可见,上述地质记录是 Rodinia 超大陆汇聚在中国西北地区的表征。

这次构造岩浆事件相当于晋宁运动的构造岩浆事件,可能对应着全球格林威尔运动。这次构造岩浆事件在上扬子陆块、塔里木陆块、三江地块群、秦祁昆地块群都有明显的显示。

塔里木南缘恰克马克里克组、北缘库鲁克塔格群、柴北缘全吉群以及阿拉善西南缘的韩母山群、北祁连的白杨沟群、华北陆块南缘的罗圈组、贺兰山地区的正目关组等都发育有时代相当、可以对比的冰碛层,属于 Rodinia 超大陆的初始盖层。

(三)Rodinia 超大陆裂解、多岛弧洋演化阶段

南华纪时期,在塔里木陆块北缘的库鲁克塔格群,含冰成岩系的陆源碎屑浊流沉积层中夹有数层基性火山岩,其中贝义西组火山岩同位素年龄为$(814.1±97.3)$Ma,照壁山组火山岩同位素年龄为$(753±30)$Ma(高振家等,2003);在伊犁地块,南华系—震旦系凯拉克提群是一套含双峰式火山岩及冰成沉积的碎屑岩建造,这些地质记录被看作超大陆裂解、大洋盆地打开的前兆(夏林圻等,2002)。

南秦岭地区武当岩群、耀岭河组存在双峰式火山岩组合,其中武当岩群主体形成于 832~726Ma,耀岭河组火山岩主体形成于 771~632Ma(徐学义等,2014)。小秦岭地区栾川群大红口组变质粗面岩年龄为$(681±60)$~$(660±27)$Ma;武当岩群中基性岩墙群的$^{40}Ar-^{39}Ar$ 坪年龄为$(694.4±21)$Ma(周鼎武等,1999)。

此外,发育南华纪伸展背景侵入体,如欧龙布鲁克微陆块的全吉山一带出露碱性花岗岩脉同位素测年数据为$(744±23)$Ma(李怀坤等,2003),北秦岭东段吐雾山碱性花岗岩形成于$(725±39)$~$(711±11)$Ma(Chen et al.,2006;卢欣祥,1999),方城碱性正长岩形成于$(844.3±1.6)$Ma(包志伟等,2008)。上扬子碑坝碱性正长岩、霓石花岗岩形成于$(764.5±4.1)$Ma(陕西省地质调查院,2008)等。南秦岭黑沟碱性花岗岩和冷水沟辉长岩等岩体的锆石 U-Pb 年龄分别为$(686±10)$Ma 和$(680±9)$Ma,是由超基性—基性岩和偏碱性花岗岩组成的非造山双模式岩浆岩组合(牛宝贵等,2006)。

这些岩浆事件,预示着 Rodinia 超大陆裂解,西北地区进入多岛洋演化的前奏。

Rodinia 超大陆裂解后,早古生代在西北地区形成多岛弧盆系大洋体系。以卡拉库姆—塔里木—阿

拉善—华北陆块为中轴大陆块区,其北、南分属于古亚洲多岛弧盆系大洋体系和特提斯洋多岛弧盆系大洋体系。自此各自进入了不同的演化阶段。

李荣社等(2011)研究认为天山-兴蒙造山带属古亚洲构造域组成部分,秦祁昆造山带是特提斯洋与中华古陆(地)块群相互作用结果,属特提斯构造域有机组成部分。

古亚洲多岛弧盆系大洋体系在中国新疆境内以早古生代额尔齐斯及塔尔巴哈台、阿尔曼泰洋、唐巴勒-北天山洋、南天山洋、红柳河-洗肠井洋、西拉木伦洋及其间的地块,如阿尔泰陆块、塔城地块、准噶尔-吐哈地块、马鬃山陆块、伊犁-中天山陆块、锡林浩特地块等构成多陆块多岛弧洋盆体系。志留纪末唐巴勒-北天山洋闭合,形成哈萨克斯坦-准噶尔板块,在中泥盆世末(有些地区在早泥盆世)哈萨克斯坦-准噶尔板块与阿尔泰陆块拼合,构成西伯利亚板块组成部分。此时南天山洋一直持续到晚泥盆世末闭合。

特提斯多岛弧盆系大洋体系主要陆块包括祁连地块、柴达木地块等,洋盆自北而南,可以划分成秦祁昆洋、羌塘-三江洋、班公-双湖-怒江洋及冈底斯-喜马拉雅大洋,分别相当于原、古、中、新特提斯洋。在研究区范围内仅有秦祁昆洋和羌塘-三江洋的一部分。

特提斯洋北支可能自寒武纪开始出现俯冲作用,志留纪—泥盆纪秦祁昆洋闭合,中轴大陆块区拼贴到西伯利亚陆块南缘,构成了统一的欧亚大陆。

中三叠世末,康西瓦-苏巴什洋(西昆仑晚古生代洋)、木孜塔格-阿尼玛卿洋(东昆仑晚古生代洋)-勉略洋盆(?)和其南的西金乌兰-玉树-甘孜洋几乎同时关闭。甜水海地块、巴颜喀拉-松潘地块、碧口地块、上扬子陆块相继拼贴在中轴大陆块区南缘,同时还使北羌塘地块、昌都地块、中甸地块等拼贴在扩大了的欧亚大陆南缘(此时扩大了的西伯利亚陆块已经与中轴大陆块区完成碰撞拼合),古特提斯洋让位于中特提斯洋(班公-双湖-怒江洋)。

值得关注的是,在康西瓦-苏巴什洋、木孜塔格-阿尼玛卿洋-勉略洋盆(?)、西金乌兰-玉树-甘孜洋以及金沙江洋盆中,都没有超大陆裂解的地质记录,它们初始裂解出现在晚泥盆世末,鼎盛于石炭纪—早中三叠世,中三叠世末几乎同时关闭。因此这几个洋盆不是Rodinia超大陆裂离形成的洋盆,而很可能是班公-双湖-怒江洋盆向北俯冲造成弧后地带扩张形成的弧后洋盆。潘桂棠等(2017)在北羌塘地块南缘发现寒武纪—奥陶纪弧岩浆岩(火山岩+侵入岩)。现有地质记录表明,班公-双湖-怒江洋盆含有原、古、中特提斯洋的信息,不单纯是中特提斯洋。

早白垩世末,班公-双湖-怒江洋盆的关闭,境外的伊朗、阿富汗陆块和境内的聂荣、吉塘、冈底斯、保山等地块拼贴在扩大了的欧亚大陆南缘,中特提斯洋让位于新特提斯洋(扎格罗斯-苏特曼-印度河-雅鲁藏布江洋)。

晚白垩世末—古新世(65~40Ma),扎格罗斯-苏特曼-印度河-雅鲁藏布江洋关闭,印度次大陆与欧亚大陆拼贴,成为欧亚大陆的组成部分。

(四)海陆演化阶段

古亚洲多岛弧盆系大洋体系和特提斯多岛弧盆系大洋体系分别完成碰撞造山,在西北两者洋盆闭合时间不一致。古亚洲洋从西往东,闭合时间为中泥盆世—早石炭世;特提斯多岛弧盆系大洋体系中的康西瓦-苏巴什洋(西昆仑晚古生代洋)—木孜塔格-阿尼玛卿洋(东昆仑晚古生代洋)—勉略洋盆(?)和其南的西金乌兰-玉树-甘孜洋在中三叠世末闭合,完成造山,之后进入海陆演化阶段。

南天山-红柳河-洗肠井-恩格尔乌苏-索伦山-西拉木伦俯冲增生杂岩带的形成还标志着古亚洲多岛弧盆系大洋体系最终通过碰撞造山作用彻底关闭,但是这个关闭时限自西而东从中泥盆世开始向东到恩格尔乌苏可能变为晚二叠世。

古亚洲构造域从西往东,早—中二叠世以后为陆相,进入盆山演化;特提斯构造域从晚三叠世开始出现陆相地层,进入盆山演化阶段。

鄂尔多斯陆块北缘在这一阶段几乎全部被石炭纪—早二叠世陆表海沉积所覆盖,个别地段陆表海沉积延续到晚二叠世(南缘从晚石炭世开始)。

秦祁昆区北祁连及走廊一带陆表海沉积终止于早二叠世末,从中二叠世开始转化为内陆盆地碎屑沉积;在中-南祁连及南秦岭西段则延续到中三叠世末。

特提斯构造域该时期南、北部演化特征不同,秦祁昆区北部基本上从中泥盆世或早泥盆世晚期开始,一直延续到早二叠世末,为后造山阶段;而在青海湖—贵德—礼县一带、中-南秦岭区中泥盆世—中三叠世期间为弧后伸展盆地。宗务隆山—青海湖南山—甘加一带在石炭纪—中二叠世属于弧后小洋盆。到了早—中三叠世,西秦岭地区海相陆缘碎屑沉积一直东延至留凤关一带,构成阿尼玛卿洋盆的弧后前陆盆地。

羌塘-三江区在中三叠世末受羌塘-三江洋盆的关闭所引起的强烈挤压,造成上扬子陆块沿龙门山断裂带和北大巴山断裂带向下俯冲,形成了上三叠统—下侏罗统须家河组前陆盆地沉积,罗自立等(2003)将此类前陆盆地称作C型前陆盆地。

(五)盆山演化阶段

部分地区从中二叠世开始转化为内陆盆地沉积,到了早三叠世初,该区全部转化为内陆盆地沉积,开始了陆内盆山构造演化阶段。

中国西北部后造山演化阶段结束的时间不完全相同,因此陆内盆山构造演化阶段开始的时间也有所差异,但基本上从晚三叠世开始全面进入陆内盆山构造演化阶段。

就中国西北部整体而言,除了南部巴颜喀拉-松潘以外,从中三叠世晚期—晚三叠世末伴随着早印支期陆内造山作用的进行而全面进入到陆内叠覆造山阶段。

喜马拉雅期,印度次大陆向欧亚大陆之下俯冲碰撞,青藏高原隆升,西北地区以构造差异升降为主,形成了高山隆起和盆地沉降相间的陆内盆山构造格局。

主要参考文献

白建科,陈隽璐,徐学义,等,2014.东准噶尔兔子泉地区中泥盆统火山湖相风暴岩及其沉积构造背景[J].新疆地质,32(4):445-450.

白建科,陈隽璐,闫臻,等,2015.西准噶尔南部玛依勒洋盆开启、闭合时限:来自中泥盆统与下伏地质体之间角度不整合关系的证据[J].岩石学报,31(1):133-142.

白建科,陈隽璐,朱小辉,等,2018.准噶尔盆地东北缘卡拉麦里组物源区特征:碎屑岩地球化学及锆石U-Pb年代学的制约[J].地球科学,43(12):4411-4426.

白云山,李莉,牛志军,等,2006.羌塘中部各拉丹冬二长花岗岩体同位素地质年代学和地球化学研究[J].地球学报,27(3):217-225.

柏道远,陈必河,孟德保,等,2006.中昆仑耸石山地区晚古生代花岗岩地球化学特征、成岩作用与构造环境研究[J].中国地质,33(6):1236-1245.

边千韬,罗小全,李红生,等,1999.阿尼玛卿山早古生代和早石炭-早二叠世蛇绿岩的发现[J].地质科学,34(4):523-524.

曹玉亭,刘良,王超,等,2010.阿尔金南缘塔特勒克布拉克花岗岩的地球化学特征、锆石U-Pb定年及Hf同位素组成[J].岩石学报,26(11):3259-3271.

曹玉亭,刘良,王超,等,2013.南阿尔金木纳布拉克地区高压泥质麻粒岩的确定及其地质意义[J].岩石学报,29(5):1727-1739.

车自成,刘洪福,刘良,等,1994.中天山造山带的形成与于演化[M].北京:地质出版社.

陈必河,罗照华,贾宝华,等,2007.阿拉套山南缘岩浆岩锆石SHRIMP年代学研究[J].岩石学报,23(7):1756-1764.

陈博,朱永峰,2010.新疆克拉玛依百口泉蛇绿混杂岩中辉长岩岩石学和地球化学研究[J].岩石学报,26(8):2287-2298.

陈丹玲,刘良,2011.北秦岭榴辉岩及相关岩石年代学的进一步确定及其对板片俯冲属性的约束[J].地学前缘,18(2):158-169.

陈丹玲,刘良,孙勇,等,2004.北秦岭松树沟高压基性麻粒岩锆石的LA-ICP-MS U-Pb定年及其地质意义[J].科学通报,49(18):1901-1908.

陈丹玲,刘良,孙勇,等,2004.北秦岭松树沟高压基性麻粒岩锆石的LA-ICP-MS U-Pb定年及其地质意义[J].科学通报,49(18):1901-1908.

陈丹玲,任云飞,宫相宽,2015.北秦岭松树沟榴辉岩的确定及其地质意义[J].岩石学报,31(7):1841-1854.

陈奋宁,计文化,张海军,等,2016.唐古拉地区拉卜查日组牙形石的发现、锶同位素组成及地层学意义[J].中国地质,43(4):1139-1148.

陈奋宁,张克信,寇晓虎,等,2007.甘肃夏河—青海同仁一带二叠系大关山组有孔虫动物群研究[J].地球科学(中国地质大学学报),32(5):691-702.

陈富文,李华芹,陈毓川,等,2005.东天山土屋-延东斑岩铜矿田成岩时代精确测定及其地质意义[J].地质学报,79(2):256-261.

陈海云,孙妍,包平,等,2014.西昆仑上其木干岩体岩石成因及地质意义:地球化学及U-Pb年代学证据[J].岩石矿物学杂志,33(4):657-670.

陈汉林,杨树峰,厉子龙,等,2006.阿尔泰造山带富蕴基性麻粒岩锆石SHRIMP U-Pb年代学及其构造意义[J].岩石学报,22(5):1351-1358.

陈汉林,杨树锋,厉子龙,等,2006.阿尔泰造山带富蕴基性麻粒岩锆石SHRIMP U-Pb年代学及其构造意义[J].岩石学报,(5):1351-1358.

陈红杰,吴才来,雷敏,等,2018.南阿尔金陆块科克萨依新元古代花岗岩成因及地质意义[J].地球科学,43(4):1278-1295.

陈隽璐,白建科,2021.中国阿尔泰-准噶尔地质图(1:500 000)及说明书[M].北京:地质出版社.

陈隽璐,黎敦朋,李新林,等,2004.东昆仑祁曼塔格山南缘黑山蛇绿岩的发现及其特征[J].陕西地质,22(2):35-46.

陈隽璐,王宗起,徐学义,等,2007.北秦岭两河口岩体的地球化学特征及其成因[J].岩石学报,23(5):1043-1054.

陈隽璐,徐学义,王宗起,等,2008a.西秦岭太白地区岩湾-鹦鸽咀蛇绿混杂岩的地质特征及形成时代[J].地质通报,27(4):500-509.

陈隽璐,徐学义,曾佐勋,等,2008b.中祁连东段什川杂岩基的岩石化学特征及年代学研究[J].岩石学报,24(4):841-854.

陈亮,孙勇,裴先治,等,2001.德尔尼蛇绿岩^{40}Ar-^{39}Ar年龄:青藏最北端古特提斯洋盆存在和延展的证据[J].科学通报,46(5):424-426.

陈能松,孙敏,张克信,等,2000.东昆仑变闪长岩体的^{40}Ar-^{39}Ar和U-Pb年龄:角闪石过剩Ar和东昆仑早古生代岩浆岩带证据[J].科学通报(21):2337-2342.

陈新跃,王岳军,孙林华,等,2009.天山冰达坂和拉尔敦达坂花岗片麻岩SHRIMP锆石年代学特征及其地质意义[J].地球化学,38(5):424-431.

陈宣华,GEHRELS G,王小凤,等,2003.阿尔金山北缘花岗岩的形成时代及其构造环境探讨[J].矿物岩石地球化学通报,22(4):294-298.

陈义兵,胡霭琴,张国新,等,1999.西天山前寒武纪天窗花岗片麻岩的锆石U-Pb年龄及Nd-Sr同位素特征[J].地球化学,28(6):515-520.

程裕淇,1994.中国区域地质概论[M].北京:地质出版社.

崔建堂,王炬川,边小卫,等,2006a.西昆仑康西瓦北侧早古生代角闪闪长岩、英云闪长岩的地质特征及其锆石SHRIMP U-Pb测年[J].地质通报,25(12):1441-1449.

崔建堂,王炬川,边小卫,等,2006b.西昆仑康西瓦一带早古生代石英闪长岩的地质特征及其锆石SHRIMP U-Pb测年[J].地质通报,25(12):1450-1457.

崔军文,唐哲民,邓晋福,等,1999.阿尔金断裂系[M].北京:地质出版社.

崔可锐,丁道桂,邢乐澄,1997.中天山北缘青铝闪石和多硅白云母的发现及其地质意义[J].中国区域地质,16(1):26-31.

崔美慧,2012.新疆祁曼塔格鸭子泉中基性火成岩及硅质岩成因[D].北京:中国地质科学院.

邓万明,1995.喀喇昆仑-西昆仑地区蛇绿岩的地质特征及其大地构造意义[J].岩石学报,11(增刊):98-111.

第五春荣,刘祥,孙勇,2018.华北克拉通南缘太华杂岩组成及演化[J].岩石学报,34(3):999-1018.

董富荣,李嵩龄,冯新昌,1999.库鲁克塔格地区新太古代深沟片麻杂岩特征[J].新疆地质,17(1):82-87.

董云鹏,张国伟,杨钊,等,2007.西秦岭武山E-MORB型蛇绿岩及相关火山岩地球化学[J].中国科学(D辑:地球科学),37(S1):199-208.

董云鹏,张国伟,周鼎武,等,2005a.中天山北缘冰达坂蛇绿混杂岩的厘定及其构造意义[J].中国科学(D辑:地球科学),35(6):552-560.

董云鹏,周鼎武,张国伟,等,2005b.中天山南缘乌瓦门蛇绿岩形成构造环境[J].岩石学报,21(1):37-44.

董增产,王洪亮,郭彩莲,等,2009.北秦岭西段奥陶纪红花铺岩体岩石地球化学特征及地质意义[J].岩石矿物学杂志,28(2):109-117.

段志明,李勇,祝向平,等,2009.藏北唐古拉山木乃花岗岩地壳隆升的裂变径迹证据[J].矿物岩石,29(2):61-65.

方爱民,李继亮,侯泉林,等,2000.新疆西昆仑"依沙克群"中的放射虫组合及其形成时代探讨[J].地质科学(2):212-218.

方同辉,王崇礼,王珍荣,1997.河西堡花岗岩体中闪长质包体与岩浆混合作用[J].西安地质学院学报,19(4):53-61.

冯建赟,裴先治,于书伦,等,2010.东昆仑都兰可可沙地区镁铁—超镁铁质杂岩的发现及其LA-ICP-MS锆石U-Pb年龄[J].中国地质,37(1):28-38.

冯乾文,李锦轶,刘建峰,等,2012.新疆西准噶尔红山岩体及其中闪长质岩墙的时代:来自锆石LA-ICP-MS定年的证据[J].岩石学报,28(9):2935-2949.

冯庆来,杜远生,殷鸿福,等,1996.南秦岭勉略蛇绿混杂岩带中放射虫的发现及其意义[J].中国科学(D辑:地球科学),26(增刊):78-82.

冯晓强,崔玉宝,程龙,等,2016.新疆东准噶尔阿尔曼泰蛇绿构造混杂岩带中辉长岩LA-ICP-MS锆石U-Pb年龄及其地质意义[J].地质通报,35(9):1411-1419.

冯益民,1986.西准噶尔蛇绿岩生成环境及其成因类型[J].中国地质科学院西安地质矿产研究所所刊(13):312-322.

冯益民,2022.中国西北部大地构造图(1:2 000 000)及说明书[M].北京:地质出版社.

冯益民,何世平,1995.北祁连蛇绿岩的地质地球化学研究[J].岩石学报,11(增刊):125-146.

冯益民,何世平,1996.祁连山大地构造与造山作用[M].北京:地质出版社.

冯益民,张越,2018.大洋板块地层(OPS)简介及评述[J].地质通报,37(4):523-531.

付长垒,闫臻,2017.拉脊山蛇绿混杂带结构组成、形成时代与形成过程[J].地球学报,38(S1):29-32.

甘肃省地质矿产局,1997.甘肃省岩石地层[M].武汉:中国地质大学出版社.

高军平,王廷印,王金荣,1996.内蒙古恩格尔乌苏蛇绿混杂岩特征[M]//张旗.蛇绿岩与地球动力学研究.北京:地质出版社.

高俊,1997.西南天山榴辉岩的发现及其大地构造意义[J].科学通报,42(7),737-740.

高俊,龙灵利,钱青,等,2006.南天山:晚古生代还是三叠纪碰撞造山带?[J].岩石学报,22(5):

1049-1061.

高俊,张立飞,刘圣伟,2000.西天山蓝片岩榴辉岩形成和抬升的40Ar/39Ar年龄记[J].科学通报,45(1):89-94.

高山林,何治亮,周祖翼,2006.西准噶尔克拉玛依花岗岩体地球化学特征及其意义[J].新疆地质,24(2):125-130.

高轩,弓小平,谢巍然,等,2017.新疆北天山拜辛德—吉吾恰依一带蛇绿岩地球化学特征研究[J].矿物岩石地球化学通报,36(4):611-619.

高振家,陈晋镰,陆松年,等,1993.新疆北部前寒武系[M]//地质矿产部《前寒武纪地质》编辑委员会编.前寒武纪地质.北京:地质出版社.

高振家,陈克强,魏家庸,2000.中国岩石地层典[M].武汉:中国地质大学出版社.

宫江华,张建新,于胜尧,等,2012.西阿拉善地块~2.5GaTTG岩石及地质意义[J].科学通报,57(28-29):2715-2728.

宫相宽,陈丹玲,任云飞,等,2016.北秦岭含柯石英斜长角闪岩的发现及其地质意义[J].科学通报,61(12):1365-1378.

辜平阳,李永军,张兵,等,2009.西准达拉布特蛇绿岩中辉长岩LA-ICP-MS锆石U-Pb测年[J].岩石学报,25(6):1364-1372.

谷永昌,刘永顺,彭丽娜,等,2019.中华人民共和国地质图(华北)(1∶1 500 000)[M].北京:地质出版社.

顾连兴,胡受奚,于春水,等,2001.博格达陆内碰撞造山带挤压—拉张构造转折期的侵入活动[J].岩石学报,17(2):187-198.

顾连兴,杨浩,陶仙聪,等,1990.中天山东段花岗岩类铷-锶年代学及构造演化[J].桂林冶金地质学院学报,10(1):49-55.

顾连兴,张遵忠,吴昌志,等,2006.关于东天山花岗岩与陆壳垂向增生的若干认识[J].岩石学报,22(5):1103-1120.

郭安林,张国伟,孙延贵,等,2006.阿尼玛卿蛇绿岩带OIB和MORM的地球化学及空间分布特征玛积雪山古洋脊热点构造证据[J].中国科学(D辑:地球科学),36(7):618-629.

郭波,朱赖民,李犇,等,2009.华北陆块南缘华山和合峪花岗岩岩体锆石U-Pb年龄、Hf同位素组成与成岩动力学背景[J].岩石学报,25(2):265-281.

郭华春,钟莉,李丽群,2006.哈尔里克山口门子地区石英闪长岩锆石SHRIMP U-Pb测年及其地质意义[J].地质通报,25(8):928-931.

郭晓俊,张成立,李雷,等,2013.新疆巴里坤地区志留纪花岗岩的确定及其地质意义[J].地质科学,48(4):1050-1068.

郭新成,郑玉壮,高军,等,2013.新疆西昆仑中太古界古陆核的确定及地质意义[J].地质论评,59(3):401-412.

郭召杰,张志诚,刘树文,等,2003.塔里木克拉通早前寒武纪基底层序与组合:颗粒锆石U-Pb年龄新证据[J].岩石学报,19(3):537-542.

郭正林,李金祥,秦克章,等,2010.新疆西准噶尔罕哲尕能Cu-Au矿床的锆石U-Pb年代学和岩石地球化学特征:对源区和成矿构造背景的指示[J].岩石学报,26(12):3563-3578.

过磊,校培喜,高晓峰,等,2010.东昆仑楚鲁套海酸性侵入体年代学及地球化学特征[J].西北地质,43(4):159-167.

韩宝福,何国琦,吴泰然,等,2004.天山早古生代花岗岩锆石U-Pb定年、岩石地球化学特征及其大地构造意义[J].新疆地质,22(1):4-15.

韩宝福,季建清,宋彪,等,2006.新疆准噶尔晚古生代陆壳垂向生长(I):后碰撞深成岩浆活动的时限[J].岩石学报,22(5):1077-1086.

韩宝福,张臣,赵磊,等,2010.内蒙古西部呼伦陶勒盖地区花岗岩类的初步研究[J].岩石矿物学杂志,29(6):741-749.

韩芳林,2003.西昆仑其曼于特蛇绿混杂岩带及地质意义[D].北京:中国地质大学(北京).

韩鑫,严镜,汪雅兵,等,2013.西准噶尔红山岩体LA-ICP-MS锆石U-Pb测年及地质意义[J].辽宁化工,42(2):139-142.

韩宇捷,唐红峰,甘林,2012.新疆东准噶尔老鸦泉岩体的锆石U-Pb年龄和地球化学组成[J].矿物学报,32(2):193-199.

郝杰,刘小汉,1993.南天山蛇绿混杂岩形成时代及大地构造意义[J].地质科学,28(1):93-95.

郝杰,王二七,刘小汉,等,2006.阿尔金山脉中金雁山早古生代碰撞造山带:弧岩浆岩的确定与岩体锆石U-Pb和蛇绿混杂岩$^{40}Ar/^{39}Ar$年代学研究的证据[J].岩石学报,22(11):2743-2752.

何国琦,李茂松,1994.中国兴蒙-北疆蛇绿岩地质的若干问题[J].地学研究(26):3-12.

何世平,时超,王超,等,2013.新疆西准噶尔萨尔托海蛇绿混杂岩形成时代及构造环境分析[J].地质科学,48(4):1033-1049.

贺敬博,陈斌,2011.西准噶尔克拉玛依岩体的成因:年代学、岩石学和地球化学证据[J].地学前缘,18(2):191-211.

贺元凯,吴泰然,罗红玲,等,2010.华北板块北缘中段新太古代的陆-陆碰撞事件:来自合教S型花岗岩的证据[J].北京大学学报(自然科学版),46(4):571-580.

胡蔼琴,张国新,李启新,等,1995.新疆北部主要地质事件同位素年表[J].地球化学,24(1):20-30.

胡蔼琴,王中刚,涂光炽,等,1997.新疆北部地质演化及成岩成矿规律[M].北京:科学出版社.

胡蔼琴,韦刚健,2006.塔里木盆地北缘新太古代辛格尔灰色片麻岩形成时代问题[J].地质学报.80(1):126-134.

胡蔼琴,韦刚健,江博明,等,2010.天山0.9Ga新元古代花岗岩SHRIMP锆石U-Pb年龄及其构造意义[J].地球化学,39(3):197-212.

胡洋,王居里,王建其,等,2015.新疆西准噶尔庙尔沟岩体的地球化学及年代学研究[J].岩石学报,31(2):505-522.

黄朝阳,王核,刘建平,等,2014.西昆仑柯岗蛇绿岩地质地球化学特征及构造意义[J].地球化学,43(6):592-601.

黄崇轲,叶天竺,2004.中华人民共和国地质图(1:2500000)[M].北京:地质出版社.

黄栋,张成立,马中平,等,2017.西天山阿吾拉勒东南部晚石炭世—中二叠世中酸性小岩体成因及地质意义[J].地球科学与环境学报,39(2):175-193.

黄岗,牛广智,张占武,等,2013.东准噶尔阿尔曼泰蛇绿混杂带中发现~4.0Ga碎屑锆石[J].科学通报,58(28-29):2966-2979.

黄河,王涛,秦切,等,2015.中天山巴仑台地区花岗质岩石的Hf同位素研究:对构造演化及大陆生长的约束[J].地质学报,89(12):2286-2313.

黄河,张东阳,张招崇,等,2010.南天山川乌鲁碱性杂岩体的岩石学和地球化学特征及其岩石成因[J].岩石学报,26(3):947-962.

黄雄飞,莫宣学,喻学惠,等,2014.西秦岭印支期高 Sr/Y 花岗岩类的成因及动力学背景:以同仁地区舍哈力吉岩体为例[J].岩石学报,30(11):3255-3270.

黄增保,金霞,2006.甘肃北山红石山蛇绿混杂岩带中基性火山岩构造环境分析[J].中国地质,33(5):1030-1037.

黄增保,郑建平,李葆华,等,2016.南祁连大道尔吉早古生代弧后盆地型蛇绿岩的年代学、地球化学特征及意义[J].大地构造与成矿,40(4):826-838.

计文化,陈守建,李荣社,等,2018.西昆仑奥依塔格石炭-二叠纪岩浆岩:弧后盆地的产物?[J].岩石学报,34(8):2393-2409.

计文化,韩芳林,王炬川,等,2004.西昆仑于田南部苏巴什蛇绿混杂岩的组成、地球化学特征及地质意义[J].地质通报,23(12):1196-1201.

简平,张旗,刘敦一,等,2005.内蒙古固阳晚太古代赞岐岩(sanukite)—角闪花岗岩的 SHRIMP 定年及其意义[J].岩石学报,21(1):151-157.

姜春发,杨经绥,玛秉贵,等,1992.昆仑开合构造[M].北京:地质出版社.

蒋宇翔,李文亮,王哲,等,2014.哈密苦水蛇绿混杂岩带岩石化学、年代学特征及地质意义[J].矿产勘查,10(3):445-453.

金成伟,徐永生,1997.新疆托里别鲁阿嘎希地区花岗岩类的岩石学和成因[J].岩石学报,13(4):529-537.

金刚,赵恒乐,李月栋,等,2015.哈密白干湖花岗岩 SHRIMP U-Pb 定年及地质意义[J].新疆地质,33(2):177-180.

金维浚,张旗,何登发,等,2005.西秦岭埃达克岩的 SHRIMP 定年及其构造意义[J].岩石学报,21(3):959-966.

柯昌辉,王晓霞,李金宝,等,2012.北秦岭马河钼矿区花岗岩类的锆石 U-Pb 年龄、地球化学特征及其地质意义[J].岩石学报,28(1):267-278.

兰朝利,吴峻,李继亮,等,2001.木孜塔格蛇绿岩时代的初步确定及其与邻区古特提斯(paleotethys)关系探讨[J].自然科学进展,11(3):256-260.

雷如雄,2012.中天山东段前寒武纪及早古生代岩浆活动、成矿作用与构造演化[D].南京:南京大学.

雷如雄,吴昌志,等,2014.中天山天湖东铁钼矿含矿片麻状花岗岩年代学、地球化学和锆石 Hf 同位素:对于中天山早古生代构造演化的启示[J].吉林大学学报(地球科学版),44(5):1540-1552.

李博秦,姚建新,计文化,等,2006.西昆仑叶城南部麻扎地区弧火成岩的特征及其锆石 SHRIMP U-Pb 测年[J].地质通报,25(1-2):124-132.

李超,肖文交,韩春明,等,2013.新疆北天山奎屯河蛇绿岩斜长花岗岩锆石 SIMS U-Pb 年龄及其构造意义[J].地质科学,48(3):815-826.

李广伟,方爱民,吴福元,等,2009.塔里木西部奥依塔克斜长花岗岩锆石 U-Pb 年龄和 Hf 同位素研究[J].岩石学报,25(1):166-172.

李洪普,高阳,张寿庭,等,2009.青海唐古拉山北藏麻西孔岩浆活动与铜银多金属矿的关系[J].成都理工大学学报(自然科学版),36(2):182-187.

李华芹,陈富文,李锦铁,等,2006.再论东天山白山铼钼矿区成岩成矿时代[J].地质通报,25(8):916-922.

李华芹,陈富文,路远发,等,2004.东天山三岔口铜矿区矿化岩体 SHRIMP U-Pb 年代学及锶同位素地球化学特征研究[J].地球学报,25(2):191-195.

李华芹,谢才富,常海亮,等,1998.新疆北部有色贵金属矿床成矿作用年代学[M].北京:地质出版社.

李怀坤,陆松年,赵风清,等,1999.柴达木北缘新元古代重大地质事件年代格架[J].现代地质(2):224-225.

李惠民,陆松年,郑健康,等,2001.阿尔金山东段花岗片麻岩中3.6Ga锆石的地质意义[J].矿物岩石地球化学通报,20(4):259-262.

李惠民,相振群,李怀坤,等,2005.望江山基性岩体中斜锆石的SHRIMP法U-Pb同位素测年[C]//中国矿物岩石地球化学学会第十届学术年会论文集.

李锦轶,1995.新疆东准噶尔蛇绿岩的基本特征和侵位历史[J].岩石学报,11(增刊):73-84.

李锦轶,王克倬,李亚萍,等,2006.天山山脉地貌特征、地壳组成与地质演化[J].地质通报,25(8):895-915.

李孔森,王博,舒良树,等,2013.北天山温泉群的地质特征、时代和构造意义[J].高校地质学报,19(3):491-503.

李莉,白云山,牛志军,等,2007.青海省治多县扎那日根岩体特征及构造意义[J].沉积与特提斯地质,27(2):20-25.

李宁波,牛贺才,单强,等,2013.新疆尼勒克县圆头山后碰撞花岗斑岩的同位素年代学及地球化学特征[J].岩石学报,29(10):3402-3412.

李平,陈隽璐,徐学义,等,2011.北秦岭武关岩体LA-ICPMS锆石U-Pb定年及岩石成因研究[J].岩石矿物学杂志,30(4):610-624.

李平,刘伟,朱志新,等,2013.新疆博格达西段石英二长岩锆石SHRIMP U-Pb测年及地质意义[J].新疆大学学报(自然科学版),30(4):476-481.

李平,徐学义,王洪亮,等,2014.西准噶尔马拉苏组火山岩岩石成因研究[J].岩石学报,30(12):3553-3568.

李荣社,陈隽璐,马中平,等,2016.中国西北部造山带中几个古生代俯冲增生楔的识别与确认[J].中国地质调查,3(1):44-51.

李荣社,计文化,潘晓平,等,2009.昆仑山及邻区地质图(1:1 000 000)及说明书[M].北京:地质出版社.

李荣社,计文化,杨永成,等,2008.昆仑山及邻区地质[M].北京:地质出版社.

李荣社,计文化,赵振明,等,2007.昆仑早古生代造山带研究进展[J].地质通报,26(4):373-382.

李瑞保,裴先治,丁仨平,等,2009.西秦岭南缘勉略带琵琶寺基性火山岩LA-ICP-MS锆石U-Pb年龄及其构造意义[J].地质学报,83(11):1612-1623.

李善平,潘彤,李永祥,等,2010.青藏高原北羌塘盆地多彩地区蛇绿岩地球化学特征及构造环境[J].中国地质,37(6):1592-1606.

李少贞,任燕,冯新昌,等,2006.吐哈盆地南缘克孜尔塔格复式岩体中花岗闪长岩锆石SHRIMP U-Pb测年及岩体侵位时代讨论[J].地质通报,25(8):937-940.

李天福,张建新,2014.西昆仑库地蛇绿岩的二辉辉石岩和玄武岩锆石LA-ICP-MS U-Pb年龄及其意义[J].岩石学报,30(8):2390-2401.

李卫东,彭湘萍,康正文,等,2003.东昆仑木孜塔格地区畅流沟蛇绿岩岩石地球化学特征及其构造意义[J].新疆地质,21(3):263-268.

李文明,任秉琛,杨兴科,等,2002.东天山中酸性侵入岩浆作用及其地球动力学意[J].西北地质,35(4):41-64.

李文铅,董富荣,周汝洪,2000.新疆鄯善康古尔塔格蛇绿杂岩的发现及其特征[J].新疆地质,18(2):121-129.

李文铅,马华东,王冉,等,2008.东天山康古尔塔格蛇绿岩SHRIMP年龄、Nd-Sr同位素特征及构造意义[J].岩石学报,24(4):773-780.

李伍平,王涛,李金宝,等,2001.东天山红柳河地区晚加里东期花岗岩类岩石锆石U-Pb年龄及其地质意义[J].地球学报,22(3):231-235.

李向民,董云鹏,徐学义,等,2002.中天山南缘乌瓦门地区发现蛇绿混杂岩[J].地质通报,21(6):305-307.

李向民,余吉远,王国强,等,2012.甘肃北山地区芨芨台子蛇绿岩LA-ICP-MS锆石U-Pb测年及其地质意义[J].地质通报,31(12):2025-2031.

李向民,张占武,王国强,等,2016.北山成矿带地质矿产图(1∶500 000)及说明书[M].西安:西安地图出版社.

李晓彦,陈能松,夏小平,等,2007.莫河花岗岩的锆石U-Pb和Lu-Hf同位素研究:柴北欧龙布鲁克微陆块始古元古代岩浆作用年龄和和地壳演化约束[J].岩石学报,23(2):513-522.

李晓英,徐学义,李智佩,等,2015.西天山阿吾拉勒地区花岗岩及形成构造环境研究[J].地质论评,61(S1):671-672.

李旭平,张立飞,艾永亮,2003.新疆西天山长阿吾予蛇绿混杂岩中与榴辉岩伴生的异剥钙榴岩的发现及其地质意义[J].自然科学进展,13(7):754-760.

李永,周刚,柴凤梅,2012.阿尔泰南缘哈巴河岩体LA-ICP-MS锆石定年及地质意义[J].新疆地质,30(2):146-151.

李永军,佟丽莉,杜志刚,等,2007b.东天山库姆塔格垄东岩体岩石地球化学特征及构造意义[J].地质科技情报,26(6):25-35.

李永军,谢其山,栾新东,等,2004.西秦岭糜署岭岩浆带成因及构造意义[J].新疆地质,22(4):374-377.

李永军,杨高学,郭文杰,等,2007a.西天山阿吾拉勒阔尔库岩基的解体及地质意义[J].新疆地质,25(3):233-236.

李源,杨经绥,裴先治,等,2012.秦岭造山带早古生代蛇绿岩的多阶段演化:从岛弧到弧间盆地[J].岩石学报,28(6):1896-1909.

李宗怀,韩宝福,李辛子,等,2004.新疆准噶尔地区花岗岩中微粒闪长质包体特征及后碰撞花岗质岩浆起源和演化[J].岩石矿物学杂志,23(3):214-226.

李佐臣,裴先治,丁仨平,等,2007.川西北平武地区南一里花岗闪长岩锆石U-Pb定年及其地质意义[J].中国地质(6):1003-1012.

李佐臣,裴先治,李瑞保,等,2013.西秦岭糜署岭花岗岩体年代学、地球化学特征及其构造意义[J].岩石学报,29(8):2617-2634.

厉子龙,陈汉林,杨树锋,等,2004.阿尔泰基性麻粒岩的发现:来自矿物学的证据[J].岩石学报,20(6):1445-1455.

凌文黎,高山,程建萍,等,2006.扬子陆核与陆缘新元古代岩浆事件对比及其构造意义:来自黄陵和汉南侵入杂岩LA-ICP-MS锆石U-Pb同位素年代学的约束[J].岩石学报,22(2):387-396.

凌文黎,王歆华,程建萍,2001.扬子北缘晋宁期望江山基性岩体的地球化学特征及其构造背景[J].矿物岩石地球化学通报,20(4):218-221.

刘斌,钱一雄,2003.东天山三条高压变质带地质特征和流体作用[J].岩石学报,19(2):283-296.

刘建平,王核,李社宏,等,2010.西昆仑北带喀依孜斑岩型钼矿床地质地球化学特征及年代学研究[J].岩石学报,26(10):3095-3099.

刘良,车自成,罗金海,等,1996.阿尔金山西段榴辉岩的确定及其地质意义[J].科学通报,41(16):1485-1488.

刘良,车自成,王焰,等,1998.阿尔金芒崖地区早古生代蛇绿岩的Sm-Nd等时线年龄证据[J].科学通报,43(8):800-803.

刘良,车自成,王焰,等,1999.阿尔金高压变质岩带的特征及其构造意义[J].岩石学报,15(1):57-63.

刘良,陈丹玲,王超,等,2009.阿尔金、柴北缘与北秦岭高压-超高压岩石年代学研究进展及其构造地质意义[J].西北大学学报(自然科学版),39(3):472-479.

刘良,陈丹玲,王超,等,2009.柴北缘与北秦岭高压—超高压岩石年代学研究新进展及其构造地质意义[J].西北大学学报(自然科学版),39(3):472-479.

刘良,孙勇,肖培喜,等,2002.阿尔金发现超高压(>3.8GPa)石榴二辉橄榄岩[J].科学通报,47(9):657-662.

刘良,张安达,陈丹玲,等,2007.阿尔金江尕勒萨依榴辉岩和围岩锆石LA-ICP-MS微区原位定年及其地质意义[J].地学前缘,14(1):98-107.

刘良,周鼎武,1994.东秦岭商南松树沟高压基性麻粒岩的发现及初步研究[J].科学通报,39(17):1599-1601.

刘良,周鼎武,董云鹏,等,1995.东秦岭松树沟高压变质基性岩石及其退变质作用的P-T-t演化轨迹[J].岩石学报,11(2):127-136.

刘良,周鼎武,王焰,等,1996.东秦岭秦岭杂岩中的长英质高压麻粒岩及其地质意义初探[J].中国科学(D辑:地球科学),26(S1):56-63.

刘崴国,2011.东准噶尔玛因鄂博蛇绿混杂岩形成时代确定[J].新疆地质,29(4):385-388.

刘伟,1990.中国新疆阿尔泰花岗岩的时代及成因类型特征[J].大地构造与成矿学,14(1):43-56.

刘希军,许继峰,王树庆,等,2009.新疆西准噶尔达拉布特蛇绿岩E-MORB型镁铁质岩的地球化学、年代学及其地质意义[J].岩石学报,25(6):1373-1389.

刘新,钱青,苏文,等,2012.西天山阿吾拉勒西段木汗巴斯陶侵入岩体的地球化学特征、时代及地质意义[J].岩石学报,28(8):2401-2413.

刘亚然,简平,张维,等,2016.新疆东准噶尔北塔山蛇绿混杂岩锆石SHRIMP U-Pb定年、氧同位素及其地质构造意义[J].岩石学报,32(2):537-554.

刘战庆,裴先治,李瑞保,等,2011.东昆仑南缘阿尼玛卿构造带布青山地区两期蛇绿岩的LA-ICP-MS锆石U-Pb定年及其构造意义[J].地质学报,85(2):185-194.

刘正荣,裴江平,邓东松,等,2005.新疆托克逊新干沟奥陶纪蛇绿岩[J].新疆地质,23(4):326-333.

刘志强,韩宝福,季建清,等,2005.新疆阿拉套山东部后碰撞岩浆活动的时代、地球化学性质及其对陆壳垂向增长的意义[J].岩石学报,21(3):623-639.

刘志武,王崇礼,石小虎,2006.南祁连党河南山花岗岩类特征及其构造环境[J].现代地质,20(4):54-63.

龙灵利,高俊,熊贤明,等,2006.南天山库勒湖蛇绿岩地球化学特征及其年龄[J].岩石学报,2(21):65-73.

龙灵利,王京彬,王玉往,等,2009.新疆富蕴地区希勒库都克铜钼矿床含矿斑岩的年代学与地球化学特征[J].地质通报,28(12):1840-1851.

龙晓平,金巍,葛文春,等,2006.东昆仑金水日花岗岩体锆石U-Pb年代学及其地质意义[J].地球化学,35(4):367-376.

卢欣祥,孙延贵,张雪亭,等,2007.柴达木盆地北缘塔塔楞环斑花岗岩的SHRIMP年龄[J].地质学报,81(5):626-634.

卢欣祥,尉向东,肖庆辉,等,1999.秦岭环斑花岗岩的年代学研究及其意义[J].高校地质学报,5(4):372-377.

陆松年,李怀坤,陈志宏,等,2003b.秦岭中—新元古代地质演化及对RODINIA超级大陆事件的响应[M].北京:地质出版社.

陆松年,袁桂邦,2003a.阿尔金山阿克塔什塔格早前寒武纪岩浆活动的年代学证据[J].地质学报,77(1):61-68.

路晓平,李兆营,刘卫东,等,2014.东昆仑乌妥一带超镁铁质岩-镁铁质岩地质特征及构造环境[J].山东国土资源,30(9):16-24.

吕增,张立飞,2014.西南天山造山带超高压变质作用研究新进展[J].岩石矿物学杂志,33(4):770-778.

罗红玲,吴泰然,李毅,2007.乌拉特中旗克布岩体的地球化学特征及SHRIMP定年:早二叠世华北克拉通底侵作用的证据[J].岩石学报,23(4):755-766.

罗红玲,吴泰然,赵磊,2009.华北板块北缘乌梁斯太A型花岗岩体锆石SHRIMP U-Pb定年及构造意义[J].岩石学报,25(3):515-526.

罗新荣,2007.新疆库鲁克塔格新元古代花岗岩年龄和地球化学[J].资源调查与环境,28(4):235-241.

马中平,夏林圻,徐学义,等,2007.南天山库勒湖蛇绿岩锆石年龄及其地质意义[J].西北大学学报(自然科学版),3(71):107-110.

毛景文,杨建民,张作衡,等,2000.甘肃肃北野牛滩含钨花岗质岩岩石学、矿物学和地球化学研究[J].地质学报,74(2):142-155.

毛启贵,肖文交,韩春明,等,2010a.东天山星星峡缝合带早古生代强过铝质花岗岩的研究及其地质意义[J].地质科学,45(1):41-56.

毛启贵,肖文交,韩春明,等,2010b.北山柳园地区中志留世埃达克质花岗岩类及其地质意义[J].岩石学报,26(2):584-596.

孟繁聪,张建新,郭春满,等,2010.大岔大坂MOR型和SSZ型蛇绿岩对北祁连洋演化的制约[J].岩石矿物学杂志,29(5):453-466.

莫宣学,罗照华,邓晋福,等,2007.东昆仑造山带花岗岩及地壳生长[J].高校地质学报,13(3):403-414.

内蒙古自治区地质矿产局,1996.内蒙古自治区岩石地层[M].武汉:中国地质大学出版社.

倪康,雷永孝,胡秀军,等,2013.新疆额尔其斯缝合带南侧科克森套蛇绿岩的时代及其意义[J].西北地质,46(3):64-69.

宁夏回族自治区地质矿产局,1996.宁夏回族自治区岩石地层[M].武汉:中国地质大学出版社.

牛宝贵,和政军,任纪舜,等,2006.秦岭地区陡岭—小茅岭隆起带西段几个岩体的SHRIMP锆石U-Pb测年及其地质意义[J].地质论评,52(6):826-835.

牛贺才,单强,张海洋,等,2007a.扎河坝石榴辉石岩中超硅-超钛石榴子石的发现及其地质意义[J].科学通报,52(18):2169-2174.

牛贺才,单强,张海洋,等,2007b.东准噶尔扎河坝超高压变质岩成因石英菱镁岩的$^{40}Ar/^{39}Ar$同位素年代学信息及地质意义[J].岩石学报,23(7):1627-1634.

潘桂棠,丁俊,姚东生,等,2004.青藏高原及邻区地质图(1∶15 000 000)及说明书[M].成都:成都地图出版社.

潘桂棠,王立全,张万平,等,2013.青藏高原及邻区大地构造图及说明书[M].北京:地质出版社.

潘桂棠,肖庆辉,等,2017.中国大地构造[M].北京:地质出版社.

潘桂棠,肖庆辉,陆松年,等,2009.中国大地构造单元划分[J].中国地质,36(1):1-28.

潘桂棠,朱弟成,王立全,等,2004.班公湖-怒江缝合带作为冈瓦纳大陆北界的地质地球物理证据[J].地学前缘,11(4):371-382.

裴先治,丁仨平,李佐臣,等,2007.西秦岭北缘关子镇蛇绿岩的形成时代:来自辉长岩中LA-ICP-MS锆石U-Pb年龄的证据[J].地质学报,81(11):1550-1561.

祁生胜,2019.中国区域地质志·青海志[M].北京:地质出版社.

祁生胜,王毅智,何世豪,等,2009.唐古拉地区尕羊晚二叠世碰撞型花岗岩的确定和构造意义[J].西北地质,42(3):26-35.

祁晓鹏,杨杰,范显刚,等,2016.东昆仑东段东昆中构造混杂岩带长石山蛇绿岩年代学、地球化学特征及其构造意义[J].中国地质,43(3):797-816.

钱青,王岳明,李惠民,等,1998.甘肃老虎山闪长岩的地球化学特征及其成因[J].岩石学报,14(4):115-123.

钱青,张旗,孙晓猛,等,2001.北祁连老虎山玄武岩和硅岩的地球化学特征及形成环境[J].地质科学,36(4):444-453.

秦海鹏,2012.北祁连造山带早古生代花岗岩岩石学特征及其与构造演化的关系[D].北京:中国地质科学院.

秦江锋,赖绍聪,李永飞,2005.扬子板块北缘碧口地区阳坝花岗闪长岩体成因研究及其地质意义[J].岩石学报,21(3):697-710.

秦克章,2000.新疆中亚型造山带与成矿作用[D].北京:中国科学院地质与地球物理研究所.

秦克章,方同辉,王书来,等,2002.东天山板块构造分区、演化与成矿地质背景研究[J].新疆地质,20(4):302-308.

秦克章,申茂德,唐冬梅,等,2013.阿尔泰造山带伟晶岩型稀有金属矿化类型与成岩成矿时代[J].新疆地质,31(增刊):1-7.

青海省地质矿产局,1997.青海省岩石地层[M].武汉:中国地质大学出版社.

任宝琴,张辉,唐勇,等,2011.阿尔泰造山带伟晶岩年代学及其地质意义[J].矿物学报,31(3):587-596.

任秉琛,杨兴科,李文明,等,2002.东天山土屋特大型斑岩铜矿成矿地质特征与矿床对比[J].西北地质,35(3):67-75.

任纪舜,2004.昆仑-秦岭造山系的几个问题[J].西北地质,37(1):1-5.

任纪舜,王作勋,陈炳蔚,等,1999.从全球看中国大地构造:中国及邻区大地构造图简要说明书[M].北京:地质出版社.

任纪舜,肖黎薇,2004.1∶25万地质填图进一步揭开了青藏高原大地构造的神秘面纱[J].地质通报,32(1):1-10.

任燕,郭宏,涂其军,等,2006,吐哈盆地南缘彩霞山东石英闪长岩岩株锆石SHRIMP U-Pb测年[J].地质通报,25(8):941-944.

桑继镇,裴先治,李瑞保,等,2016.东昆仑东段清水泉辉长岩体LA-ICP-MS锆石U-Pb年龄、地球化学特征及其构造意义[J].地质通报,35(5):700-710.

陕西省地质矿产局,1998.陕西省岩石地层[M].武汉:中国地质大学出版社.

舍建忠,邓洪涛,刘阁,等,2016.新疆西准洪古勒楞蛇绿岩地球化学特征及构造环境[J].新疆地质,34(1):40-45.

沈其韩,耿元生,2012.中国蓝片岩带的时空分布、地质特征和成因[J].地质学报,86(9):1407-1446.

施文翔,田少亭,冯红刚,等,2015.东天山博格达造山带黑沟环状花岗杂岩锆石SHRIMP U-Pb测年及地质意义[J].桂林理工大学学报,35(2):251-256.

舒良树,王博,朱文斌,2007.南天山蛇绿混杂岩中放射虫化石的时代及其构造意义[J].地质学报,81(9):1161-1168.

宋彪,李锦轶,李文铅,等,2002.吐哈盆地南缘克孜尔卡拉萨依和大南湖花岗质岩基锆石SHRIMP定年及其地质意义[J].新疆地质,20(4):342-345.

宋彪,李锦轶,张进,等,2011.西准噶尔托里地区塔尔根二长花岗岩锆石U-Pb年龄:托里断裂左行走滑运动开始的时间约束[J].地质通报,30(1):19-25.

宋博,许伟,计文化,等,2021.中亚造山带恩格尔乌苏蛇绿混杂岩中发现大洋型锰结核[J].中国地质,48(4):1302-1303.

宋述光,2009.北祁连山古大洋俯冲带高压变质岩研究评述[J].地质通报,28(12):1769-1778.

宋述光,吴珍珠,杨立明,等,2019.祁连山蛇绿岩带和原特提斯洋演化[J].岩石学报,35(10):2948-2970.

宋述光,张立飞,NIU Y L,等,2004.北祁连山高压变质带榴辉岩的锆石SHRIMP定年及其构造意义[J].科学通报,49(6):592-595.

宋述光,张立飞,NIU Y,等,2004a.北祁连榴辉岩锆石SHRIMP定年及其意义[J].科学通报,23(9-10):918-925.

宋述光,张立飞,牛耀龄,等,2004b.北祁连高压变质带榴辉岩的锆石SHRIMP定年及其构造意义[J].科学通报(49):592-595.

宋泰忠,刘建栋,李杰,等,2016.北祁连柏木峡地区辉长岩、玄武岩的LA-ICP-MS锆石U-Pb年龄及地质意义[J].西北地质,49(4):32-42.

宋忠宝,任有祥,李智佩,等,2004.北祁连山西段巴个峡—黑大坂一带几个花岗闪长岩体的侵入时代讨论:兼论古阿尔金断裂活动时间[J].地球学报,25(2):205-208.

苏建平,张新虎,胡能高,等,2004.中祁连西段野马南山埃达克质花岗岩的地球化学特征及成因[J].中国地质,31(4):365-371.

苏黎,宋述光,宋彪,等,2004.松树构地区石榴石辉石岩SHRIMP锆石U-Pb年龄及其对秦岭造山带构造演化的制约[J].科学通报,49(12):1209-1211.

苏玉平,唐红峰,丛峰,等,2008.新疆东准噶尔黄羊山碱性花岗岩体的锆石U-Pb年龄和岩石成因[J].矿物学报,28(2):117-126.

苏玉平,唐红峰,侯广顺,等,2006b.新疆西准噶尔达拉布特构造带铝质A型花岗岩的地球化学研究[J].地球化学,25(3):55-67.

苏玉平,唐红峰,刘丛强,等,2006a.新疆东准噶尔苏吉泉铝质A型花岗岩的确立及其初步研究[J].

岩石矿物学杂志,25(3):175-184.

孙吉明,马中平,唐卓,等,2012.阿尔金南缘鱼目泉岩浆混合花岗岩 LA-ICP-MS 测年与构造意义[J].地质学报,86(2):247-257.

孙敏,龙晓平,蔡克大,等,2009.阿尔泰早古生代末期洋中脊俯冲:锆石 Hf 同位素组成突变的启示[J].中国科学(D 辑:地球科学),39(7):935-948.

孙卫东,李曙光,CHEN Y D,等,2000.南秦岭花岗岩锆石 U-Pb 定年及其地质意义[J].地球化学,29(3):209-216.

孙卫东,谢国治,张丽鹏,等,2021.板块俯冲起始与大陆地壳演化[J].地质学报,95(1):32-41.

孙勇,卢欣祥,韩松,等,1996.北秦岭早古生代二郎坪蛇绿岩片的组成和地球化学[J].中国科学(D 辑:地球科学),26(增刊):49-55.

孙雨,裴先治,丁仨平,等,2009.东昆仑哈拉尕吐岩浆混合花岗岩:来自锆石 U-Pb 年代学的证据[J].地质学报,83(7):1000-1010.

汤耀庆,高俊,赵民,1995.西南天山蛇绿岩和蓝片岩[M].北京:地质出版社.

唐功建,陈海红,王强,等,2008.西天山达巴特 A 型花岗岩的形成时代与构造背景[J].岩石学报,24(5):947-958.

唐功建,王强,赵振华,等,2009.西准噶尔包古图成矿斑岩年代学与地球化学:岩石成因与构造、铜金成矿意义[J].地球科学(中国地质大学学报),34(1):56-74.

唐俊华,顾连兴,张遵忠,等,2008.东天山黄山-镜儿泉过铝花岗岩矿物学、地球化学及年代学研究[J].岩石学报,24(5):921-946.

陶继雄,许立权,贺锋,等,2005.内蒙古巴特敖包地区早古生代洋壳消减的岩石证据[J].地质调查与研究,28(1):1-8.

童英,王涛,KOVACH V P,等,2006.阿尔泰中蒙边界塔克什肯口岸后造山富碱侵入岩体的形成时代、成因及其地壳生长意义[J].岩石学报,22(5):1267-1278.

童英,王涛,洪大卫,等,2007.中国阿尔泰北部山区早泥盆世花岗岩的年龄、成因及构造意义[J].岩石学报,23(8):1933-1944.

汪传胜,顾连兴,张遵忠,等,2009.东天山哈尔里克山区二叠纪高钾钙碱性花岗岩成因及地质意义[J].岩石学报,25(6):1499-1511.

汪玉珍,方锡廉,1987.西昆仑喀喇昆仑花岗岩类时空分布规律的初步探讨[J].新疆地质,5(1):9-23.

王秉璋,陈静,罗照华,等,2014.东昆仑祁曼塔格东段晚二叠世-早侏罗世侵入岩岩石组合时空分布、构造环境的讨论[J].岩石学报,30(11):3213-3228.

王秉璋,罗照华,李怀毅,等,2009.东昆仑祁曼塔格走廊域晚古生代—早中生代侵入岩岩石组合及时空格架[J].中国地质,36(4):769-782.

王秉璋,罗照华,曾小平,等,2008.青海三江北段治多地区印支期花岗岩的成因及锆石 U-Pb 定年[J].中国地质,35(2):196-206.

王秉璋,张智勇,张森琦,等,2000.东昆仑东段苦海—赛什塘晚古生代蛇绿岩的地质特征[J].地球科学—中国地质大学学报,25(6):592-598.

王博,舒良树,DOMINIQUE C,等,2007.伊犁北部博罗霍努岩体年代学和地球化学研究及其大地构造意义[J].岩石学报,23(8):1885-1900.

王超,刘良,车自成,等,2006.阿尔金南缘榴辉岩带中花岗片麻岩的时代及构造环境探讨[J].高校地质学报(1):74-82.

王超,刘良,车自成,等,2007.西南天山阔克萨彦岭巴雷公镁铁质岩石的地球化学特征、LA-ICP-MS U-Pb年龄及其大地构造意义[J].地质论评,53(6):743-754.

王超,刘良,车自成,等,2009.塔里木南缘铁克里克构造带东段前寒武纪地层时代的新限定和新元古代地壳再造:锆石定年和Hf同位素制约[J].地质学报,83(11):1647-1656.

王春龙,秦克章,唐冬梅,等,2015.阿尔泰阿斯喀尔特Be-Nb-Mo矿床年代学、锆石Hf同位素研究及其意义[J].岩石学报,31(8):2337-2352.

王德贵,张晓梅,伏红霞,2006.东天山小盐池北二长闪长岩锆石SHRIMP U-Pb测年[J].地质通报,25(8):966-968.

王国良,刘建栋,杨雪松,等,2019.东昆仑没草沟蛇绿岩地球化学、LA-ICP-MS锆石U-Pb年龄及其地质意义[J].地质通报,38(4):573-591.

王国强,李向民,徐学义,等,2014.甘肃北山红石山蛇绿岩锆石U-Pb年代学研究及构造意义[J].岩石学报,30(6):1685-1694.

王国强,李向民,徐学义,等,2021.北山造山带古生代蛇绿混杂岩研究现状及进展[J].地质通报,40(1):71-81.

王洪亮,何世平,陈隽璐,等,2006.太白岩基巩坚沟变形侵入体LA-ICP-MS锆石U-Pb测年及大地构造意义:吕梁运动在北秦岭造山带的表现初探[J].地质学报,80(11):1660-1667.

王洪亮,陈亮,孙勇,等,2007a.北秦岭西段奥陶纪火山岩中发现近4.1Ga的捕获锆石[J].科学通报,52(14):1685-1693.

王洪亮,何世平,陈隽璐,等,2007b.北秦岭西段胡店片麻状二长花岗岩LA-ICP-MS锆石U-Pb测年及其地质意义[J].中国地质,34(1):17-25.

王洪亮,何世平,陈隽璐,等,2007c.甘肃马衔山花岗岩杂岩体LA-ICP-MS锆石U-Pb测年及其构造意义[J].地质学报(1):72-78.

王洪亮,徐学义,陈隽璐,等,2009.北秦岭西段岩湾加里东期碰撞型侵入体形成时代及地球化学特征[J].地质学报,83(3):353-364.

王洪亮,徐学义,何世平,等,2007a.中国天山及邻区地质图(1:1 000 000)及说明书[M].北京:地质出版社.

王惠初,袁桂邦,辛后田,2001.内蒙古固阳村空山地区麻粒岩的锆石U-Pb年龄及其对年龄解释的启示[J].前寒武纪研究进展,24(1):28-34.

王婧,张宏飞,徐旺春,等,2008.西秦岭党川地区花岗岩的成因及其构造意义[J].地球科学—中国地质大学学报,33(4):474-486.

王居里,王守敬,柳小明,2009.新疆天格尔地区碱长花岗岩的地球化学、年代学及其地质意义[J].岩石学报,25(4):925-933.

王炬川,韩芳林,崔建堂,等,2003.新疆于田普鲁一带早古生代花岗岩岩石地球化学特征及构造意义[J].地质通报,22(3):170-181.

王立社,杨鹏飞,段星星,等,2016.阿尔金南缘中段清水泉斜长花岗岩同位素年龄及成因研究[J].岩石学报,32(3):759-774.

王楠,吴才来,马昌前,等,2016.敦煌地块三危山地区花岗岩体地球化学、锆石U-Pb定年及Hf同位素特征[J].地质学报,90(10):2681-2705.

王润三,王焰,李惠民,等,1998.南天山榆树沟高压麻粒岩地体锆石U-Pb定年及其地质意义[J].地球化学,27(6):517-522.

王式洸,韩宝福,洪大卫,等,1994.新疆乌伦古河碱性花岗岩的地球化学及其构造意义[J].地质科学,29(4):373-383.

王顺安,王晓霞,柯昌辉,等,2016.西秦岭间井花岗岩体锆石U-Pb年龄、岩石地球化学及其意义[J].岩石矿物学杂志,35(1):33-51.

王涛,童英,李舢,等,2010.阿尔泰造山带花岗岩时空演变、构造环境及地壳生长意义:以中国阿尔泰为例[J].岩石矿物学杂志,29(5):595-618.

王涛,王晓霞,田伟,等,2009.北秦岭古生代花岗岩组合、岩浆时空演变及其对造山作用的启示[J].中国科学(D辑:地球科学),39(7):949-971.

王廷印,王金荣,王士政,1992.阿拉善北部恩格尔乌苏蛇绿混杂岩带的发现及其构造意义[J].兰州大学学报,28(2):194-196.

王向利,高小平,刘幼骐,等,2010.东昆仑西段黑山构造蛇绿岩带特征[J].西北地质,43(4):218-231.

王晓霞,王涛,齐秋菊,等,2011.秦岭晚中生代花岗岩时空分布、成因演变及构造意义[J].岩石学报,27(6):1573-1593.

王亚伟,刘良,廖小莹,等,2016.秦岭杂岩清油河斜长角闪岩多期变质的证据-来自锆石微量元素和包裹体的启示[J].岩石学报,32(5):1467-1492.

王银宏,张方方,刘家军,等,2015.东天山白山钼矿区花岗岩的岩石成因:锆石U-Pb年代学、地球化学及Hf同位素约束[J].岩石学报,31(7):1962-1976.

王瑜,李锦轶,李文铅,2002.东天山造山带右行剪切变形及构造演化的$^{40}Ar-^{39}Ar$年代学证据[J].新疆地质,20(4):315-319.

王玉往,王京彬,王莉娟,等,2011.新疆吐尔库班套蛇绿混杂岩的发现及其地质意义[J].地学前缘,18(3):151-165.

王宗起,高联达,王涛,等,2007.北秦岭陶湾群新发现的微体化石及其对地层时代的限定[J].中国科学(D辑:地球科学),37(11):1467-1473.

王作勋,邬继易,吕喜朝,等,1990.天山多旋回构造与及成矿[M].北京:科学出版社.

韦萍,莫宣学,喻学惠,等,2013.西秦岭夏河花岗岩的地球化学、年代学及地质意义[J].岩石学报,29(11):3981-3992.

魏方辉,裴先治,李瑞保,等,2012.甘肃天水地区早古生代黄门川花岗闪长岩体LA-ICP-MS锆石U-Pb定年及构造意义[J].地质通报,31(9):1496-1509.

魏强,张成立,何贤英,等,2017.南天山巴音布鲁克花岗岩岩体成因:锆石U-Pb定年、Hf同位素及其地球化学证据[J].地质学报,91(7):1433-1453.

魏俏巧,郝立波,陆继龙,等,2013.甘肃河西堡花岗岩LA-MC-ICP-MS锆石U-Pb年龄及其地质意义[J].矿物岩石地球化学通报,32(6):729-735.

温志亮,徐学义,赵仁夫,等,2008.西秦岭党川地区泥盆纪花岗岩类地质地球化学特征及构造意义[J].地质论评,54(6):827-836.

翁凯,徐学义,马中平,等,2016.新疆西准噶尔玛依勒蛇绿岩中镁铁—超镁铁质岩的地球化学、年代学及其地质意义[J].岩石学报,3(25):1420-1436.

吴波,何国琦,吴泰然,等,2006.新疆布尔根蛇绿混杂岩的发现及其大地构造意义[J].中国地质,33(3):476-486.

吴才来,部源红,吴锁平,2007.柴达木盆地北缘大柴旦地区古生代花岗岩锆石SHRIMP定年[J].

岩石学报,23(8):1861-1875.

吴才来,郜源红,吴锁平,等,2008.柴北缘西段花岗岩锆石SHRIMP U-Pb定年及其岩石地球化学特征[J].中国科学(D辑:地球科学),38(8):930-949.

吴才来,徐学义,高前明,等,2010.北祁连早古生代花岗质岩浆作用及构造演化[J].岩石学报,26(4):1027-1044.

吴才来,杨经绥,IRELAND T,等,2001.祁连南缘嗷唠山花岗岩SHRIMP锆石年龄及其地质意义[J].岩石学报,17(2):215-235.

吴才来,杨经绥,WOODEN J,等,2001.柴达木山花岗岩锆石SHRIMP定年[J].科学通报,46(20):1743-1747.

吴才来,杨经绥,姚尚志,等,2005.北阿尔金巴什考供盆地南缘花岗杂岩体特征及锆石SHRIMP定年[J].岩石学报,21(3):846-858.

吴才来,姚尚志,曾令森,等,2006.北祁连早古生代洋壳双向俯冲的花岗岩证据[J].中国地质(6):1197-1208.

吴昌志,张遵忠,KHIN Z,等,2006.东天山觉罗塔格红云滩花岗岩年代学、地球化学及其构造意义[J].岩石学报,22(5):1121-1134.

吴汉泉,1980.东秦岭和北祁连山的蓝闪片岩[J].地质学报,54(3):195-207.

吴华,李华芹,陈富文,等,2006.东天山哈密地区赤湖钼铜矿区斜长花岗斑岩锆石SHRIMP U-Pb年龄[J].地质通报,25(5):549-552.

吴祥珂,孟繁聪,许虹,等,2011.青海祁曼塔格玛兴大坂晚三叠世花岗岩年代学、地球化学及Nd-Hf同位素组成[J].岩石学报,27(11):3380-3394.

吴云辉,熊小林,赵太平,等,2013.新疆东戈壁斑岩型Mo矿辉钼矿Re-Os年龄和成矿岩体锆石U-Pb年龄及其地质意义[J].大地构造与成矿学,37(4):743-753.

武鹏,王国强,李向民,等,2012.甘肃北山地区牛圈子蛇绿岩的形成时代及地质意义[J].地质通报,31(12):2032-2037.

奚仁刚,校培喜,伍跃中,等,2010.东昆仑肯德可克铁矿区二长花岗岩组成、年龄及地质意义[J].西北地质,43(4)195-202.

郄文昆,郭文,马学平,等,2021.中国泥盆纪岩石地层划分和对比[J].地层学杂志,45(3):286-302.

夏林圻,夏祖春,任有祥,等,2001.北祁连构造—火山岩浆—成矿动力学[M].北京:中国大地出版社.

夏林圻,张国伟,夏祖春,等,2002.天山古洋盆开启、闭合时限的岩石学约束:来自震旦纪、石炭纪火山岩的证据[J].地质通报,21(2):55-62.

肖庆辉,卢欣祥,王菲,等,2003.柴达木北缘鹰峰环斑花岗岩的时代及地质意义[J].中国科学(D辑:地球科学),33(12):1193-1200.

肖文交,WENDLEY B F,阎全人,等,2006.北疆地区阿尔曼泰蛇绿岩锆石SHRIMP年龄及其大地构造意义[J].地质学报,80(1):32-37.

肖序常,何国琦,徐新,等,2010.中国新疆地壳结构与地质演化[M].北京:地质出版社.

肖序常,汤耀庆,冯益民,等,1992.新疆北部及其邻区大地构造[M].北京:地质出版社.

肖序常,王军,苏犁,等,2003.再论西昆仑库地蛇绿岩及其构造意义[J].地质通报,22(10):745-750.

校培喜,高晓峰,胡云绪,等,2014.阿尔金东昆仑西段成矿地质背景图及说明书[M].北京:地质出版社.

校培喜,黄玉华,王育习,等,2006.新疆库鲁克塔格地块东南缘钾长花岗岩的地球化学特征及同位素测年[J]. 地质通报,25(6):725-729.

新疆维吾尔自治区地质矿产局,1999. 新疆维吾尔自治区岩石地层[M]. 武汉:中国地质大学出版社.

邢浩,赵晓波,张招崇,等,2016. 西天山巴音布鲁克地区早古生代成矿地质环境:岩浆岩及其时代和元素同位素约束[J]. 岩石学报,32(6):1770-1794.

熊子良,张宏飞,张杰,2012. 北祁连东段冷龙岭地区毛藏寺岩体和黄羊河岩体的岩石成因及其构造意义[J]. 地学前缘,19(3):214-227.

徐新,何国琦,李华芹,等,2006. 克拉玛依蛇绿混杂岩带的基本特征和锆石SHRIMP年龄信息[J]. 中国地质,33(3):470-475.

徐学义,陈隽璐,高婷,等,2014a. 西秦岭北缘花岗质岩浆作用及构造演化[J]. 岩石学报,30(2):371-389.

徐学义,陈隽璐,王洪亮,等,2019. 祁连山及邻区地质图(1∶1 000 000)及说明书[M]. 北京:地质出版社.

徐学义,陈隽璐,张二朋,等,2014b. 秦岭及邻区地质图(1∶500 000)及说明书[M]. 西安:西安地图出版社.

徐学义,何世平,王洪亮,等,2008. 中国西北部地质概论:秦岭、祁连、天山地区[M]. 北京:科学出版社.

徐学义,李荣社,陈隽璐,等,2014c. 新疆北部古生代构造演化的几点认识[J]. 岩石学报,30(6):1521-1534.

徐学义,李婷,陈隽璐,等,2011. 扬子地台北缘檬子地区侵入岩年代格架和岩石成因研究[J]. 岩石学报,27(3):699-720.

徐学义,马中平,李向民,等,2003. 西南天山吉根地区P-MORB残片的发现及其构造意义[J]. 岩石矿物学杂志,22(2):245-253.

徐学义,马中平,夏祖春,等,2006a. 天山中西段古生代花岗岩TIMS法锆石U-Pb同位素定年及岩石地球化学特征研究[J]. 西北地质,39(1):50-75.

徐学义,王洪亮,马国林,等,2010. 西天山那拉提地区古生代花岗岩的年代学和锆石Hf同位素研究[J]. 岩石矿物学杂志,29(6):691-706.

徐学义,夏林折,马中平,等,2006b. 北天山巴音沟蛇绿岩斜长花岗岩SHRIMP锆石U-Pb年龄及蛇绿岩成因研究[J]. 岩石学报,22(1):83-94.

许继峰,陈繁荣,于学元,等,2001. 新疆北部阿尔泰地区库尔提蛇绿岩:古弧后盆地系统的产物[J]. 岩石矿物学杂志,20(3):344-352.

许立权,陶继雄,2003. 内蒙古达茂旗北部奥陶纪花岗岩类特征及其构造意义[J]. 华南地质与矿产(1):17-22.

许荣华,张玉泉,谢应雯,等,1994. 西昆仑山北部早古生代构造-岩浆带的发现[J]. 地质科学(4):313-328.

许亚玲,毛永忠,王刚刚,2006. 甘肃省岷县—礼县一带柏家庄岩体群成岩成矿特点及成矿机制探讨[J]. 甘肃地质,15(2):36-41.

许志琴,侯立伟,王宗秀,等,1992. 中国松潘—甘孜造山带的造山过程[M]. 北京:地质出版社.

薛宁,王瑾,谈生祥,等,2009. 中祁连北缘野牛沟-托勒地区晋宁期花岗岩的地质意义[J]. 青海大学学报(自然科学版),27(4):23-28.

闫全人,王宗起,闫臻,等,2007. 秦岭勉略构造混杂带康县—勉县段蛇绿岩块—铁镁质岩块的SHRIMP年代及其意义[J]. 地质论评,53(6):755-764.

杨钢,肖龙,王国灿,等,2015.噶尔谢米斯台西段花岗岩年代学、地球化学、锆石Lu-Hf同位素特征及大地构造意义[J].地球科学(中国地质大学学报),40(3):548-562.

杨高学,李永军,郭文杰,等,2008.西天山阿吾拉勒阔尔库岩基解体的岩石化学证据[J].地球科学与环境学报,30(2):125-155.

杨高学,李永军,司国辉,等,2010.新疆贝勒库都克铝质A型花岗岩LA-ICP-MS锆石U-Pb年龄、地球化学及其成因[J].地质学报,84(12):1759-1769.

杨高学,李永军,吴宏恩,等,2009.东准噶尔卡拉麦里地区黄羊山花岗岩和包体LA-ICP-MS锆石U-Pb测年及地质意义[J].岩石学报,25(12):3197-3207.

杨高学,李永军,杨宝凯,等,2013.西准噶尔玛依勒蛇绿混杂岩锆石U-Pb年代学、地球化学及源区特征[J].岩石学报,29(1):303-316.

杨光华,张炜波,郭永峰,等,2014.北天山四棵树花岗岩体锆石U-Pb年代学及地质意义[J].西北地质,47(2):83-98.

杨合群,李英,李文明,等,2008.北山成矿构造背景概论田[J].西北地质,41(1):22-28.

杨建军,朱红,邓晋福,等,1994.柴达木北缘石榴石橄榄岩的发现及其意义[J].岩石矿物学杂志,13(2):97-105.

杨经绥,史仁灯,吴才来,等,2004.柴达木盆地北缘新元古代蛇绿岩的厘定[J].地质通报,23(9-10):892-898.

杨经绥,史仁灯,吴才来,等,2008.北阿尔金地区米兰红柳沟蛇绿岩的岩石学特征和SHRIMP定年[J].岩石学报,24(7):1567-1584.

杨经绥,吴才来,陈松永,等,2006.甘肃北山地区榴辉岩的变质年龄:来自锆石的U-Pb同位素定年证据[J].中国地质,33(2):317-325.

杨经绥,吴才来,史仁灯,2001.阿尔金山米兰红柳沟的席状岩群墙:海底扩张的重要证据[J].地质通报,21(2):69-74.

杨经绥,徐向珍,李天福,等,2011.新疆中天山南缘库米什地区蛇绿岩的锆石U-Pb同位素定年早古生代洋盆的证据[J].岩石学报,27(1):77-95.

杨经绥,许志琴,李海兵,等,1998.我国西部柴达木北缘地区发现榴辉岩[J].科学通报,43(14):1544-1549.

杨经绥,许志琴,裴先治,等,2002.秦岭发现金刚石:横贯中国中部巨型超高压变质带新证据及古生代和中生代两期深俯冲作用的识别[J].地质学报,76(4):484-495.

杨经绥,许志琴,裴先治,等,2002.秦岭发现金刚石:横贯中国中部巨型超高压变质带新证据及古生代和中生代两期深俯冲作用的识别[J].地质学报,76(4):484-495.

杨经绥,许志琴,宋述光,等,2000.青海都兰榴辉岩的发现及其对中国中央造山带内高压—超高压变质带研究的意义[J].地质学报,74(2):156-168.

杨经绥,张建新,孟繁聪,等,2003.中国西北柴达木—阿尔金的超高压变质榴辉岩及其原岩性质探讨[J].地学前缘,10(3):291-314.

杨军录,冯益民,潘晓萍,2001.武山蛇绿岩特征同位素年代及其地质意义[J].前寒武纪研究进展,24(2):98-106.

杨恺,刘树文,李秋根,等,2009.秦岭柞水岩体和东江口岩体的锆石U-Pb年代学及其意义[J].北京大学学报(自然科学版),45(5):841-847.

杨明慧,宋建军,2002.柴达木盆地冷湖花岗岩体岩石学初步研究[J].西北地质,35(3):94-98.

杨天南,王小平,2006a.新疆库米什早泥盆世侵入岩时代、地球化学及大地构造意义[J].岩石矿物学杂志,25(5):401-410.

杨天南,李锦铁,孙桂华,等,2006b.中天山早泥盆世陆弧:来自花岗质糜棱岩地球化学及SHRIMP U-Pb定年的证据[J].岩石学报,22(1):41-48.

杨亚琦,赵磊,徐芹芹,等,2018.新疆西准噶尔北部和布克赛尔蛇绿混杂岩的厘定及其洋盆闭合时代限定[J].地质学报,92(2)298-312.

杨勇,陈能松,陆琦,1994.松树沟榴闪岩中的石榴石和角闪石成分环带特征及岩石变质过程[J].岩石学报,10(4):401-412.

杨有生,陈邦学,朱志新,等,2018.新疆东昆仑阿克苏库勒蛇绿岩地球化学特征和形成时限:来自辉长岩岩墙和枕状玄武岩的证据[J].地质通报,37(2-3):369-381.

杨钊,董云鹏,柳小明,等,2006.秦岭天水地区关子镇蛇绿岩LA-ICP-MS U-Pb定年[J].地质通报,25(11):1321-1325.

姚世齐,孙江华,2012.新疆克孜勒塔格长杠子南中元古代石英闪长岩-正长花岗岩序列地球化学特征[J].新疆地质,30(4):377-383.

殷鸿福,杜远生,许继锋,等,1996.南秦岭勉略古缝合带中放射虫动物群的发现及其古海洋意义[J].地球科学,21(2):184.

尹继元,陈文,袁超,等,2013.新疆西准噶尔晚古生代侵入岩的年龄和构造意义:来自锆石LA-ICP-MS定年的证据[J].地球化学,42(5):414-429.

雍拥,肖文交,袁超,等,2008.中祁连东段古生代花岗岩的年代学、地球化学特征及其大地构造意义[J].岩石学报,24(4):855-866.

于福生,李金宝,王涛,2006.东天山红柳河地区蛇绿岩U-Pb同位素年龄[J].地球学报,27(3):213-216.

于淼,丰成友,何书跃,等,2017.祁曼塔格造山带-青藏高原北部地壳演化窥探[J].地质学报,91(4):703-723.

于孝宁,宋述光,魏春景,等,2009.北祁连山含镁纤柱石高压泥质岩及其对古大洋俯冲的意义[J].北京大学学报(自然科学版),45(3):472-480.

余吉远,李向民,王国强,等,2012.甘肃北山地区辉铜山和帐房山蛇绿岩LA-ICP-MS锆石U-Pb年龄及地质意义[J].地质通报,31(12):2034-2045.

袁桂邦,王惠初,李惠民,等,2002.柴北缘绿梁山地区辉长岩的锆石U-Pb年龄及意义[J].前寒武纪研究进展,25(1):36-40.

袁伟,杨振宇,杨进辉,2012.河西走廊晚泥盆世地层中冥古宙碎屑锆石的发现[J].岩石学报,28(4):1029-1036.

曾俊杰,郑有业,齐建宏,等,2008.内蒙古固阳地区埃达克质花岗岩的发现及其地质意义[J].地球科学(中国地质大学学报),33(6):755-763.

曾忠诚,洪增林,刘芳晓,等,2020.阿尔金造山带青白口纪片麻状花岗岩的厘定及对Rodinia超大陆汇聚时限的制约[J].中国地质,47(3),569-589.

张成立,刘良,张国伟,等,2004.北秦岭新元古代后碰撞花岗岩的确定及其构造意义[J].地学前缘,11(3):33-42.

张成立,张国伟,晏云翔,等,2005.南秦岭勉略带北光头山花岗岩体群的成因及其构造意义[J].岩石学报,21(3):711-720.

张传林,杨淳,沈加林,等,2003.西昆仑北缘新元古代片麻状花岗岩锆石 SHRIMP 年龄及其意义[J].地质论评,19(3):239-244.

张传林,于海锋,沈家林,等,2004.西昆仑库地伟晶辉长岩和玄武岩锆石 SHRIMP 年龄:库地蛇绿岩的解体[J].地质论评,50(6):639-643.

张传林,于海锋,王爱国,等,2005.西昆仑西段三叠纪两类花岗岩年龄测定及其构造意义[J].地质学报,79(5):645-652.

张聪,张立飞,张贵宾,2009.柴北缘锡铁山一带榴辉岩的岩石学特征极其对俯冲带折返的意义[J].岩石学报,25(9):2247-2259.

张德全,李大新,罗照华,等,2000.柴达木盆地南北缘成矿地质环境及找矿远景对比研究[R].北京:中国地质科学院矿产资源研究所.

张德全,孙桂英,徐洪林,1995.祁连山金佛寺岩体的岩石学和同位素年代学研究[J].地球学报,37(4):375-385.

张德贤,束正祥,曹汇,等,2015.西秦岭造山带夏河—合作地区印支期岩浆活动及成矿作用:以德乌鲁石英闪长岩和老豆石英闪长斑岩为例[J].中国地质,42(5):1257-1273.

张二朋,顾其昌,郑文林,等,1998.全国地层多重划分对比研究·西北区区域地层[M].武汉:中国地质大学出版社.

张帆,刘树文,李秋根,等,2009.秦岭西坝花岗岩 LA-ICP-MS 锆石 U-Pb 年代学及其地质意义[J].北京大学学报(自然科学版),45(5):833-840.

张贵宾,宋述光,张立飞,等,2005.柴北缘超高压变质带沙柳河蛇绿岩型地幔橄榄岩的发现及其意义[J].岩石学报,21(4):1049-1058.

张国伟,1988.秦岭造山带的形成与演化[M].西安:西北大学出版社.

张国伟,张本仁,袁学成,等,2001.秦岭造山带与大陆动力学[M].北京:科学出版社.

张海祥,牛贺才,TERDA K,等,2003.新疆北部阿尔泰地区库尔提蛇绿岩中斜长花岗岩的 SHRIMP 年代学研究[J].科学通报,48(12):1350-1354.

张宏飞,陈岳龙,徐旺春,等,2006.青海共和盆地周缘印支期花岗岩类的成因及其构造意义[J].岩石学报,22(12):2910-2922.

张宏飞,骆庭川,张本仁,1996.北秦岭漂池岩体的源区特征及其形成的构造环境[J].地质论评,42(3):209-214.

张宏飞,肖龙,张利,等,2007.扬子陆块西北缘碧口块体印支期花岗岩类地球化学和 Pb-Sr-Nd 同位素组成:限制岩石成因及其动力学背景[J].中国科学(D辑:地球科学),37(4):460-470.

张建新,李怀坤,孟繁聪,等,2001.塔里木盆地东南缘(阿尔金山)"变质基底"记录的多期构造热事件:锆石 U-Pb 年代学的制约[J].岩石学报,2011,27(1):23-46.

张建新,孟繁聪,杨经绥,等,2003.柴达木盆地北缘西段榴辉岩相的变质泥质岩的确定及意义[J].地质通报,22(9):655-657.

张建新,孟繁聪,于胜尧,等,2007.北阿尔金 HP/LT 蓝片岩和榴辉岩的 Ar-Ar 年代学及其区域构造意义[J].中国地质,34(4):558-564.

张建新,孟繁聪,于胜尧,等,2007.柴北缘绿梁山高压基性麻粒岩的变质演化历史:岩石学及锆石 SHRIMP 年代学证据[J].地学前缘,14(1):85-97.

张建新,杨经绥,等,2002.阿尔金榴辉岩中超高压变质作用证据[J].科学通报,47(3):231-234.

张建新,杨经绥,许志琴,等,2002.阿尔金榴辉岩中超高压变质作用证据[J].科学通报,47(3):231-234.

张建新,于胜尧,孟繁聪,等,2009.造山带中成对出现的高压麻粒岩与榴辉岩及其地球动力学意义[J].岩石学报,25(9):2050-2066.

张建新,张泽明,许志琴,等,1999.阿尔金构造带西段榴辉岩的Sm-Nd及U-Pb年龄:阿尔金构造带中加里东期山根存在的证据[J].科学通报(44):1109-1112.

张克信,何卫红,骆满生,等,2017.中国沉积岩建造与沉积大地构造[M].北京:地质出版社.

张克信,林启祥,朱云海,等,2004.东昆仑东段混杂岩建造时代厘定的古生物新证据及其大地构造意义[J].中国科学(D辑:地球科学),34(3):210-218.

张立飞,1997.新疆西准噶尔唐巴勒蓝片岩$^{40}Ar-^{39}Ar$年龄及其地质意义[J].科学通报(42):2178-2181.

张立飞,高俊,艾克拜尔,等,2000.新疆西天山低温榴辉岩相变质作用.中国科学(D辑:地球科学),30(4):345-354.

张立飞,姜文波,魏春景,等,1998.新疆阿克苏前寒武纪蓝片岩地体中迪尔闪石的发现及其地质意义[J].中国科学(D辑:地球科学),6(28):539-545.

张立飞,冼伟胜,孙敏,2004.西准噶尔紫苏花岗岩成因岩石学研究[J].新疆地质,22(1):36-42.

张连昌,万博,焦学军,等,2006.西准包古图含铜斑岩的埃达克岩特征及其地质意义[J].中国地质,33(3):626-631.

张旗,孙晓猛,周德进,等,1997.北祁连蛇绿岩的特征,形成环境及其构造意义[J].地球科学进展,12(4):366-393.

张青伟,刘正宏,柴社立,等,2011.内蒙古乌拉特中旗乌兰地区含石榴石花岗岩锆石U-Pb年龄及地质意义[J].吉林大学学报(地球科学版),41(3):745-752.

张寿广,张宗清,宋彪,等,2004.东秦岭陡岭杂岩中存在新太古代物质组成:SHRIMP锆石U-Pb和Sm-Nd年代学证据[J].地质学报,78(6):800-806.

张拴厚,2017.中国区域地质志·陕西志[M].北京:地质出版社.

张涛,张德会,杨兵,等,2015.青海同仁县江里沟斑岩-矽卡岩型铜钨钼矿床辉钼矿Re-Os同位素年龄及其成矿意义[J].地质学报,89(2):355-364.

张天宇,樊双虎,陈淑娥,等,2013.新疆和硕县乌什塔拉红山花岗岩岩浆起源及成因机制[J].西北地质,46(2):18-29.

张维,简平,2008.内蒙古达茂旗北部早古生代花岗岩类SHRIMP U-Pb年代学[J].地质学报,82(6):778-787.

张维,简平,刘敦一,等,2010.内蒙古中部达茂旗地区三叠纪花岗岩和钾玄岩的地球化学—年代学和Hf同位素特征[J].地质通报,29(6):821-832.

张维杰,李龙,2000.内蒙古固阳地区新太古代侵入岩的岩石特征及时代[J].地球科学(中国地质大学学报),25(3):221-226.

张亚峰,蔺新望,郭岐明,等,2015.阿尔泰南缘可可托海地区阿拉尔花岗岩体LA-ICP-MS锆石U-Pb定年、岩石地球化学特征及其源区意义[J].地质学报,89(2):339-354.

张亚峰,蔺新望,赵玉梅,等,2017.新疆北部青河县阿斯喀尔特铍矿区花岗质岩石年代学及地球化学特征[J].矿床地质,36(3):643-658.

张亚峰,裴先治,丁仨平,等,2010.东昆仑都兰县可可沙地区加里东期石英闪长岩锆石LA-ICP-MS U-Pb年龄及其意义[J].地质通报,29(1):79-85.

张永明,裴先治,李佐臣,等,2017.青海南山当家寺花岗岩体锆石U-Pb年代学、地球化学及其地质意义.地质学报,91(3):523-541.

张玉清,王弢,贾和义,等,2003.内蒙古中部大青山北西乌兰不浪紫苏斜长麻粒岩锆石U-Pb年龄[J].中国地质,30(4):394-399.

张元元,郭召杰,2010.准噶尔北部蛇绿岩形成时限新证据及其东、西准噶尔蛇绿岩的对比研究[J].岩石学报,26:421-430.

张越,陈隽璐,孙吉明,等,2019.新疆东准噶尔阿尔曼太蛇绿岩中玄武岩地球化学特征及其地质意义[J].地质通报,38(9):1431-1442.

张越,徐学义,陈隽璐,等,2012.阿尔泰地区玛因鄂博蛇绿岩的地质特征及其LA-ICP-MS锆石U-Pb年龄[J].地质通报,31(6):834-842.

张占武,崔建堂,王炬川,等,2007.西昆仑康西瓦西北部库尔良早古生代角闪闪长岩花岗闪长岩锆石SHRIMP U-Pb测年[J].地质通报,26(6):720-725.

张招崇,毛景文,杨建民,等,1998.北祁连熬油沟蛇绿岩岩石成因的地球化学证据[J].地质学报,72(1):42-51.

张招崇,闫升好,陈柏林,等,2005.阿尔泰造山带南缘中泥盆世苦橄岩及其大地构造和岩石学意义[J].地球科学,30(3):298-297.

张招崇,闫升好,陈柏林,等,2006.新疆东准噶尔北部俯冲花岗岩的SHRIMP U-Pb锆石定年[J].科学通报,51(13):1565-1574.

张招崇,周美付,ROBINSON P T,等,2001.北祁连山西段熬油沟蛇绿岩SHRIMP分析结果及其地质意义[J].岩石学报,17(2):222-226.

张志诚,郭召杰,宋彪,2009.阿尔金山北缘蛇绿混杂岩中辉长岩锆石SHRIMP U-Pb定年及其地质意义[J].岩石学报,25(3):568-576.

张宗清,刘敦一,付国民,1994.北秦岭变质地层同位素年代研究[M].北京:地质出版社.

张宗清,刘敦一,宋彪,等,2005.秦岭造山带中部存在太古宙岩块:陕西商南县湘河地区楼房沟斜长角闪岩-浅粒岩锆石SHRIMP U-Pb年龄及其意义[J].中国地质,32(4):579-597.

张宗清,张国伟,付国民,等,1996.秦岭变质地层年龄及其构造意义[J].中国科学(D辑:地球科学),26(3):216-222.

张宗清,张国伟,刘敦一,等,2006.秦岭造山带蛇绿岩、花岗岩和碎屑沉积岩同位素年代学和地球化学[M].北京:地质出版社.

张宗清,张国伟,唐索寒,等,2001.鱼洞子群变质年龄及秦岭造山带太古宙基底[J].地质学报,75(2):198-204.

张宗清,张国伟,唐索寒,等,2002.秦岭勉略带中安子山麻粒岩的年龄[J].科学通报,47(22):1751-1755.

张作衡,王志良,王彦斌,等,2007.新疆西天山菁布拉克基性杂岩体闪长岩锆石SHRIMP定年及其地质意义[J].矿床地质,26(4):353-360.

赵东林,1999.新疆东准老鸦泉含锡花岗岩体地球化学特征及其构造环境[J].西安地质学院院报,19(4):7-12.

赵东林,2000.新疆东准噶尔老鸦泉含锡花岗岩体同位素年代学特征[J].西安工程学院学报,22(2):15-17.

赵国春,张国伟,2021.大陆的起源[J].地质学报,95(1):1-19.

赵海杰,毛景文,叶会寿,等,2010.陕西洛南县石家湾钼矿相关花岗斑岩的年代学及岩石成因:锆石

U-Pb年龄及Hf同位素制约[J].矿床地质,29(1):143-157.

赵宏刚,苏锐,梁积伟,等,2018.东天山觉罗塔格雅满苏花岗岩岩石学、地球化学特征及其板内构造意义[J].地质学报,92(9):1780-1802.

赵磊,何国琦,朱亚兵,2013.新疆西准噶尔北部谢米斯台山南坡蛇绿岩带的发现及其意义[J].地质通报,32(1):195-202.

赵明,舒良树,朱文斌,等,2002.东疆哈尔里克变质带的U-Pb年龄及其地质意义[J].地质学报,76(3):379-383.

赵文平,贾振奎,温志刚,等,2012.新疆西准噶尔巴尔鲁克蛇绿混杂岩带发现蓝闪片岩[J].西北地质,45(2):136-138.

赵文平,张练练,刘松柏,等,2013.西准噶尔西南部加里东期成矿斑岩体的发现及意义[J].地质科学,8(3):806-814.

赵燕,2017.敦煌造山带的构成及演化[D].西安:西北大学.

赵燕,第五春荣,敖文昊,等,2015.敦煌地块发现~3.06Ga花岗闪长质片麻岩[J].科学通报,60(1):75-87.

赵一珏,杨经绥,刘仕军,等,2015.新疆中天山巴仑台闪长岩成因及其地质意义[J].中国地质,42(5):1228-1241.

赵勇,蔡向民,李亚林,等,2011.内蒙古宝音图晚二叠世—晚三叠世花岗岩岩石化学特征及其构造环境[J].矿物岩石,31(1):49-55.

钟长汀,2006.华北克拉通北缘中段古元古代花岗岩类地球化学、年代学与构造意义[D].北京:中国地质大学(北京).

周鼎武,苏犁,简平,等,2004.南天山榆树沟蛇绿岩地体中高压麻粒岩SHRIMP锆石U-Pb年龄及构造意义[J].科学通报,49(14):1411-1415.

周刚,董连慧,秦纪华,等,2015.新疆多拉纳萨依金矿一带花岗岩类形成时代及其对金矿成矿作用的制约[J].中国地质,42(3):677-690.

周刚,张招崇,罗世宾,等,2007a.新疆阿尔泰山南缘玛因鄂博高温型强过铝花岗岩年龄、地球化学特征及其地质意义[J].岩石学报,23(8):1909-1920.

周刚,张招崇,王新昆,等,2007b.新疆玛因鄂博断裂带中花岗质糜棱岩锆石U-Pb SHRIMP和黑云母$^{40}Ar-^{39}Ar$年龄及意义[J].地质学报,81(3):359-369.

周辉,李继亮,侯泉林,等,1998.西昆仑库地蛇绿混杂带中早古生代放射虫的发现及其意义[J].科学通报,43(22):2448-2451.

周汝洪,1987.新疆同位素年龄汇编[J].新疆地质,4(2):16-106.

周涛发,袁峰,张达玉,等,2010.新疆东天山觉罗塔格地区花岗岩类年代学、构造背景及其成矿作用研究[J].岩石学报,26(2):478-502.

周涛发,袁峰,张达玉,等,2015.新疆西准噶尔塔北地区晚古生代中酸性侵入岩的成因分析[J].岩石学报,31(2):351-370.

朱赖民,张国伟,郭波,等,2008.东秦岭金堆城大型斑岩钼矿床LA-ICP-MS锆石U-Pb定年及成矿动力学背景[J].地质学报,82(2):204-220.

朱涛,张二朋,王洪亮,等,2013.西北地区寒武纪岩石地层的划分与对比[J].地层学杂志,37(3):361-368.

朱涛,张二朋,徐学义,等,2015.西北地区四分框架下的寒武纪岩石地层划分与对比[J].西北地质,

48(3):112-126.

朱小辉,陈丹玲,刘良,等,2014.柴北缘绿梁山地区新元古代-早古生代弧后盆地型蛇绿岩的年代学、地球化学及大地构造意义[J].岩石学报,30(3):822-834.

朱小辉,陈丹玲,王超,等,2015.柴达木盆地北缘新元古代—早古生代大洋的形成、发展和消亡[J].地质学报,89(2):234-251.

朱永峰,宋彪,2006a.新疆天格尔糜棱岩化花岗岩的岩石学及其SHRIMP年代学研究:兼论花岗岩中热液[J].岩石学报,22(1):135-144.

朱永峰,徐新,2006b.新疆塔尔巴哈台山发现早奥陶世蛇绿混杂岩[J].岩石学报,22(12):2833-2842.

朱增伍,毛归来,吴丽云,等,2006.东天山阿齐山地区石炭纪汇宇岛弧花岗岩的厘定及意义[J].陕西地质,24(1):27-35.

朱志新,李锦轶,董连慧,等,2008.新疆南天山盲起苏晚石炭世侵入岩的确定及对南天山洋盆闭合时限的限定[J].地质通报,24(12):2761-2766.

朱志新,王克卓,徐达,等,2006a.依连哈比尔尕山石炭纪侵入岩锆石SHRIMP U-Pb测年及其地质意义[J].地质通报,25(8):986-991.

朱志新,王克卓,郑玉洁,等,2006b.新疆伊犁地块南缘志留纪和泥盆纪花岗质侵入体锆石SHRIMP定年及其形成时构造背[J].岩石学报,22(5):1193-1200.

邹先武,段其发,汤朝阳,等,2011.北大巴山镇坪地区辉绿岩锆石SHRIMP U-Pb定年和岩石地球化学特征[J].中国地质,38(2):282-289.

左国朝,等,1996.甘蒙北山地区早古生代岩石圈形成与演化[M].兰州:甘肃科学技术出版社.

CAWOOD P A,2020. Earth Matters:A tempo to our planet's evolution[J]. Geology,48(5):525-526.

CHEN D L,LIU L,SUN Y,et al.,2009. Geochemistry and zircon U-Pb dating and its implications of the Yukahe HP/UHP terrane,the North Qaidam,NW China[J]. Journal of Asian Earth Sciences,35:259-272.

CHEN D L,LIU L,SUN Y,et al.,2009. Geochemistry and zircon U-Pb dating and its implications of the Yukahe HP/UHP terrane,the North Qaidam,NW China[J]. Journal of Asian Earth Sciences,35:259-272.

CHEN J F,HAN B F,et al.,2010. Zircon U-Pb ages and tectonic implications of Paleozoic Plutons in northern West Junggar[J]. Lithos,115:137-152.

CHEN Y X,SONG S G,NIU Y L,et al.,2014. Melting of continental crust during subduction initiation:A case study from the Chaidanuo peraluminous granite in the North Qilian suture zone[J]. Geochimica et Cosmochimica Acta,132:311-336.

CHENG H,ZHANG C,VERVOORT J D,et al.,2011. Geochronology of the transition of eclogite to amphibolite facies metamorphism in the North Qinlingorogen of central China[J]. Lithos,125(3-4):969-983.

CHENG H,ZHANG C,VERVOORT J D,et al.,2012. Timing of eclogite facies metamorphism in the North Qinling by U-Pb and Lu-Hf geochronology[J]. Lithos,136-139:46-59.

GAO J,KLEMD R,2003. Formation of HP-LT rocks and their tectonic implications in the western TianshanOrogen,NWChina:geochemical and age constraints[J]. Lithos,66(1),1-22.

GAO J,KLEMD R,ZHANG L,et al.,1999. P-T path of high pressure-low temperature rocks and tectonic implications in the western Tianshan Mountains (NWChina)[J]. Journal of Metamorphic Geology,17(6):621-636.

GAO J,LONG L L,KLEMD R,et al.,2009. Tectonic evolution of the South Tianshan orogen and adjacent regions,NW China:geochemical and age constraints of granitoid rocks[J]. International Journal Earth Sciences,98:1221-123.

GE R F,WILDE S A,KEMP A I S,et al.,2020. Generation of Eoarchean continental crust from altered mafic rocks derived from a chondritic mantle:The~3.72 Ga Aktash gneisses Tarim Craton (NW China)[J]. Earth and Planetary Science Letters,538:1-15.

GE R F,ZHU W B,WILDE S A,et al.,2018. Remnants of Eoarchean continental crust derived from a subducted proto-arc[J]. Science Advances,4:1-11.

JIAN P,LIU D Y,SHI Y R,et al.,2005. SHRIMP dating of SSZ ophiolites from northern Xinjiang province,China:Implication for generation of oceanic crust in the central Asian orogenic belt. [C]//SKLYAROV E V. Structural and Tectonic Correlation across the Central Asian Orogenic Collage:Northernestern Segment,Guidebook and Abstract Volume of the Siberian Workshop IGCP-480, 246.

JIANG Y H,LIAO S Y,YANG W Z,et al.,2008. An island arc origin of plagiogranites at Oytag, western Kunlun orogen,northwest China:SHRIMP zircon U-Pb chronology,elemental and Sr-Nd-Hf isotopic geochemistry and Paleozoic tectonic implications[J]. Lithos,106(3-4):323-335.

LEI R X,WU C Z,GU L X,et al.,2011. Zircon U-Pb Chronology and Hf Isotope of the Xingxingxia Granodiorite from the Central Tianshan Zone(NW China):Implications for the Tectonic Evolution of the Southern Altaids[J]. Gondwana Research,20:582-593.

LI Z X,BOGDANOVA S V,COLLINS A S,et al.,2008. Assembly,configuration,and break-up history of Rodinia:Asynthesis[J]. Precombrian Research,160:179-210.

LIU H,SUN W D,ZARTMAN R,et al.,2019. Continuous plate subduction marked by the rise of alkali magmatism 2.1 billion years ago[J]. Nature Communications,10(1):3408.

LIU L,CHEN D L,SUN Y,et al.,2003. Discovery of relic majoritic garnet in felsic metamorphic rocks of Qinling complex,North Qinling orogenic belt,China[M]//WAIN A. Memorial Western Norway Eclogite Field Symposium. Selje,Western Noway,82.

LONG L L,GAO J,KLEMD R,et al.,2011. Geochemical and geocronological studies of granitoid rocks from the western Tianhan Orogen:Implications for continental growth in the southwestern Central Asican Orogenic Belt[J]. Lithos,126:321-340

LÜ Z,BUCHER K,ZHANG L F,2012. The Habutengsumetapelites and metagreywackes in western Tianshan,China:Metamorphic evolution and tectonic implications[J]. Journal of Metamorphic Geology,30(9):907-926.

LÜ Z,ZHANG L F,DU J X,et al.,2008. Coesite inclusions in garnet from eclogitic rocks in western Tianshan,northwest China:Convincing proof of UHP metamorphism[J]. American Mineralogist, 93(11-12):1845-1850.

LÜ Z,ZHANG L F,DU J X,et al.,2009. Petrology of coesite-bearing eclogite from Habutengsu Valley,western Tianshan,NW China and its tectonometamorphic implication[J]. Journal of Metamorphic Geology,27(9):773-784.

MAO J W,XIE G Q,PIRAJNO F,et al.,2010. Late Jurassic - Early Cretaceous granitoid magmatism in Eastern Qinling,central eastern China:SHRIMP zircon U - Pb ages and tectonic implications[J]. Australian Journal of Earth Sciences,57:51-78.

QIAN Q,GAO J,KLEMD R,et al.,2009. Early Paleozoic tectonic evolution of the Chinese South Tianshan Orogen:constraints from SHRIMP zircon U - Pb geochronology and geochemistry of basaltic and dioritic rocks from Xiate,NW China[J]. International Journal Earth Sciences,98:551-569.

SONG S G,NIU Y L,Su L,et al.,2013. Tectonics of the North Qilian orogen,NW China[J]. Gondwana Research,23:1378-1401.

SONG S G,NIU Y L,WEI C J,et al.,2010. Metamorphism,anatexis,zircon ages and tectonic evolution of the Gongshan block in the northern Indochina continent:an eastern extension of the Lhasa Block[J]. Lithos,120:327-346.

SONG S G,YANG J S,XU Z Q,et al.,2003. Metamorphic evolution of coesite - bearing UHP terrane in the North Qaidam,northern Tibet,NW China[J]. Journal of Metamorphic Geology,21:631-644.

SONG S G,YANG L M,ZHANG Y Q,et al.,2017. Qi - Qin accretionary belt in Central China Orogen:Accretion by trench jam of oceanic plateau and formation of intra - oceanic arc in the Early Paleozoic Qin - Qi - Kun Ocean[J]. Science Bulletin,62(15):1035-1038.

SONG S G,ZHANG G B,SU L,et al.,2009. Two types of peridotite in North Qaidam UHPM belt and their tectonic implications for oceanic and continental subduction:a review [J]. Journal of Asian Earth Science,35:285-297.

SONG S G,ZHANG L F,CHEN J,et al.,2005. Sodic amphibole exsolutions in garnet from garnet - peridotite,North Qaidam UHPM belt,NW China:implications for ultradeep - origin and hydroxyl defects in mantle garnets[J]. American Mineralogist,90:814-820.

SONG S G,ZHANG L F,NIU Y L,et al.,2007. Eclogite and carpholite - bearing meta - pelite in the North Qilian suture zone,NW China: implications for Paleozoic cold oceanic subduction and water transport into mantle[J]. Journal of Metamorphic Geology,25:547-563.

SUN M,YUAN C,XIAO W J,et al.,2008. Zircon U - Pb and Hf isotopic study of gneissic rocks from the Chinese Altai:Progressive accretionary history in the early to middle Palaeozoic[J]. Chemical Geology,247:352-383.

TSENG C Y,YANG H J,YANG H Y,et al.,2009. Continuity of the North Qilian and North Qinling orogenic belts,Central Orogenic System of China:evidence from newly discovered Paleozoic adakitic rocks[J]. Gondwana Research,16:285-293.

WANG T,HONG D W,JAHN B,et al.,2006. Timing,Petrogenesis,and Setting of Paleozoic Synorogenic intrusions from the Altai Mountains,Northwest China:implications for the tectonic evolution of an accretionary Orogen[J]. Journal of Geology,114:735-751.

WANG T,LI W P,LI J B,et al.,2008. Increase of juvenal mantle - derived composition from syn - orogenic to post - orogenic granites of the east part of the eastern Tianshan(China)and implications fo continental vertical growth:Sr and Nd isotopic evidencd[J]. Acta Petrolgica Sinica,24(4):762-772(in Chinese with English abstract).

WANG T,TONG Y,JAHN B,et al.,2007. SHRIMP U - Pb Zircon geochronology of the Altai

No. 3 Pegmatite, NW China, and its implications for the origin and tectone setting of the pegmatite[J]. Ore Geology Reviews, 32: 325 – 336.

WANG X S, GAO J, KLEMD R, et al., 2017. The Central Tianshan Block: A microcontinent with a Neoarchean – Paleoproterozoic basement in the southwestern Central Asian Orogenic Belt[J]. Precambrian Research, 295: 130 – 150.

WEI C J, WANG W, CLARKE G L, et al., 2009. Metamorphism of High/ultrahigh – pressure Pelitic – Felsic Schist in the South TianshanOrogen, NW China: Phase Equilibria and P – T Path [J]. Journal of Petrology, 50: 1973 – 1991.

WINDLEY F B, KRONER A, Guo J, et al., 2002. Neoproterozoic to Paleozoic geology of the Altai orogen, NW China: New zircon age data and tectonic evolution[J]. The Journal of Geology, 110: 719 – 737.

WU C L, GAO Y H, FROST B R, et al., 2011. An early Palaeozoic double – subduction model for the North Qilian oceanic plate: evidence from zircon SHRIMP dating of granites[J]. International Geology Review, 53: 157 – 181.

WU C L, WOODEN J L, YANG J S, et al., 2006. Granitic magmatism in the North Qaidam Early Paleozoic Ultrahigh – Pressure Metamorphic Belt, Northwest China[J]. International Geology Review, 48: 223 – 240.

XIA L Q, XIA Z C, XU X Y, 2003. Magmagenesis in the Ordovician backarc basins of the northern Qilian Mountains, China[J]. Geological Society of America Bulletin, 115(12): 1510 – 1522.

XU Z Q, HE B Z, ZHANG C L, et al., 2013. Tectonic framework and crustal evolution of the Precambrian basement of the Tarim Block in NW China: New geochronological evidence from deep drilling samples[J]. Precambrian Research, 235: 150 – 162.

YAN Z, FU C L, AITCHISON J C, et al., 2019. Early Cambrian Muli arc – ophiolite complex: a relic of the Proto – Tethys oceanic lithosphere in the Qilian Orogen, NW China[J]. International Journal of Earth Sciences, 108: 1147 – 1164.

YAN Z, FU C L, AITCHISON J C, et al., 2020. Silurian Sedimentation in the South Qilian Belt: Arc – Continent Collision – related Deposition in the NE Tibet Plateau? [J]. Acta Geologica Sinica (Englishi Edition), 94(4): 901 – 913.

YANG J S, LIU F L, WU C L, et al., 2005. Two ultrahigh – pressure metamorphic events recognized in the Central Orogenic Belt of China: Evidence from the U – Pb dating of coesite – bearing zircons[J]. International Geology Review, 47: 327 – 343.

YUAN C, MIN S, SIMON W, et al., 2010, Post – collisional plutons in the Balikun area, East Chinese Tianshan[J]. Lithos, 119: 269 – 288.

YUAN C, SUN M, XIAO W, et al., 2007. Accretionary orogenesis of thf Chinese Altai: insights from Paleozoic granitoids[J]. Chemical Geology, 242: 22 – 39.

ZENG Q T, MCCUAIG T C, TOHVER E, et al., 2014. Episodic triassic magmatism in the western South Qinling Orogen, central China, and its implications[J]. Geological Journal, 49(4): 402 – 423.

ZHANG G B, SONG S G, ZHANG L F, 2008. The subducted oceanic crust within continental – type UHP metamorphic beltin the North Qaidam, NW China: Evidence from petrology, geochemistry and geochronology[J]. Lithos, 104: 99 – 118.

ZHANG G B, SONG S G, ZHANG L F, et al., 2008. The subducted oceanic crust within continental – type UHP metamorphic belt in the North Qaidam,NW China:evidence from petrology,geochemistry and geochronology[J]. Lithos,104:99 – 118.

ZHANG G B,ZHANG L F,SONG S G,et al.,2009. UHP metamorphic evolution and SHRIMP dating of meta – ophiolitic gabbro in the North Qaidam,NW China[J]. Journal of Asian Earth Sciences,35:310 – 322.

ZHANG H F,ZHANG B R,HARRIS N,et al.,2006. U – Pb zircon SHRIMP ages,geochemical and Sr – Nd – Pb isotopic compositions of intrusive rocks from the Longshan – Tianshui area in the southeast corner of the Qilian orogenic belt,China:Constraints on petrogenesis and tectonic affinity[J]. Journal of Asian Earth Sciences,27:751 – 764.

ZHANG J X,MATTINSON C G,MENG F C,et al.,2005. An Early Palaeozoic HP/HT granulite – garnet peridotite association in the south AltynTagh,NW China：P – T history and U – Pb geochronology[J]. Journal of metamorphic Geology,23:491 – 510.

ZHANG J X,YU S Y,GONG J H,et al.,2013. The latest Neoarchean – Paleoproterozoic evolution of the Dunhuang block,eastern Tarim craton,northwestern China:evidence from zircon U – Pb dating and Hf isotopic analyses[J]. Precambrian Research,226:21 – 42.

ZHANG L F,AI Y L,LI X P,et al. 2009. Trassic Collision of western Tianshanorogenis[J]. Lithos,96:266 – 280.

ZHANG L F,ELLIS D J,JIANG W B,2002. Ultra high pressure metamorphism in western Tianshan,China:Part Ⅰ. Evidence from inclusions of coesitepseudomorphs in garnet and from quartz exsolution lamellae in omphacite in eclogites[J]. American Mineralogis,87(7):853 – 860.

ZHANG L F,SONG S G,AI Y L,et al.,2005. Relict coesiteexsolution in omphacite from western Tianshaneclogites,China[J]. American Mineralogist,89:180 – 186.

ZHANG L F,WANG Q J,SONG S G,et al.,2009. Lawsoniteblueschist in Northern Qilian,NW China：PT pseudosections and petrologic implications[J]. Journal of Asian Earth Sciences,35:354 – 366.

ZHENG R G,WU T R,ZHANG W,et al.,2014. Late Paleozoic subduction system in the northern margin of the Alxa block,Altaids:Geochronological and geochemical evidences from ophiolites[J]. Gondwana Research,25(2):842 – 858.

ZHOU M F,YAN D P,KENNEDY A K,et al.,2002. SHRIMP U – Pb zircon geochronological and geochemical evidence for Neoproterozoic arc – magmatism along the western margin of the Yangtze Block,South China[J]. Earth Planet. Sci. lett.,196:51 – 67.

ZHOU T F,YUAN F,FAN Y,et al.,2008. Granites in the Sawuer region of the west Jungger,Xinjiang province,China:Geochronological and geochenmical characteristics and their geodynamic significance[J]. Lithos,106:191 – 206.